U0905810

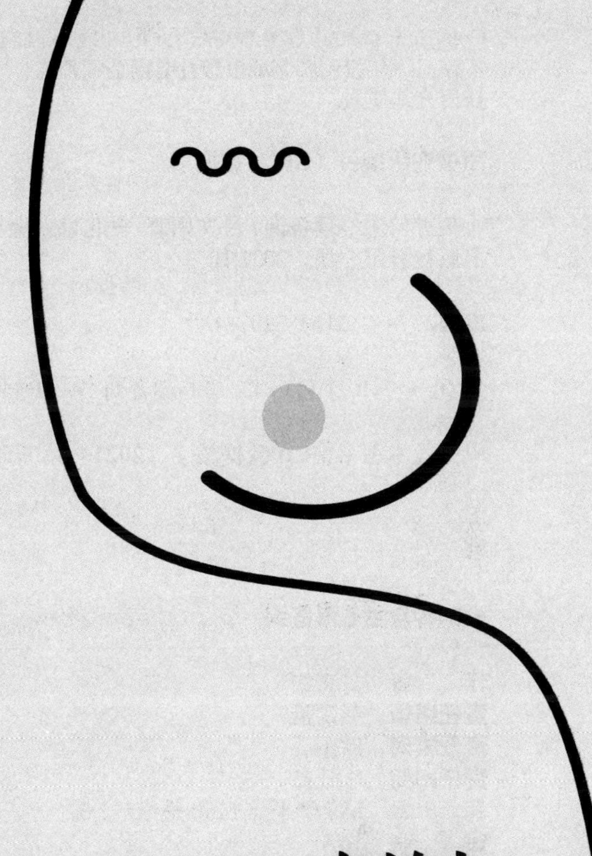

一刻钟自主心理咨询

吕文娟 著

金城出版社
GOLD WALL PRESS
·北京·

Copyright © 2021 GOLD WALL PRESS CO., LTD. CHINA
本作品一切权利归**金城出版社有限公司**所有，未经合法许可，严禁任何方式使用。

图书在版编目（CIP）数据

一刻钟自主心理咨询 / 吕文娟著. —北京：金城出版社有限公司，2021.10

ISBN 978-7-5155-2207-4

Ⅰ. ①一… Ⅱ. ①吕… Ⅲ. ①心理咨询 Ⅳ.①B849.1

中国版本图书馆CIP数据核字（2021）第095239号

一刻钟自主心理咨询

作　　者	吕文娟
责任编辑	彭洪清
责任校对	欧阳云
责任印制	李仕杰
开　　本	880 毫米 × 1230 毫米　1/32
印　　张	10.5
字　　数	200 千字
版　　次	2021 年 10 月第 1 版
印　　次	2021 年 10 月第 1 次印刷
印　　刷	天津旭丰源印刷有限公司
书　　号	ISBN 978-7-5155-2207-4
定　　价	58.00 元

出版发行	**金城出版社有限公司** 北京市朝阳区利泽东二路 3 号 邮编：100102
发 行 部	(010) 84254364
编 辑 部	(010) 64210080
总 编 室	(010) 64228516
网　　址	http://www.jccb.com.cn
电子邮箱	jinchengchuban@163.com
法律顾问	北京市安理律师事务所　18911105819

致　谢

感谢曲伟杰老师对本书出版的大力支持！

本书的创作中，

得到师相、王懿的真诚支持，

在此诚挚感谢！

感谢邓晓梅、丁约纳、关云娜、何书红、黎明、李昕、

缪安和、石俊杰、宋化冰、孙树伟、王澜、

王秀花、王长荣、魏丽、肖建伟、杨秀宏、懿辉

的鼎力支持！

序

30 年前，我创立心理学校的理念是：让心理学成为老百姓手里的工具。

为了接近这个理念，我在实践中不断尝试，让咨询变得简单再简单，短时再短时。从 100 分钟的咨询，到 60 分钟的咨询，到 30 分钟的咨询，到 15 分钟的咨询，甚至 5 分钟的咨询。这些不断缩短时长的咨询不能说是系统的、完美的、包医百病的，但是的确会帮助我们让心理咨询这个几乎人人都需要的宝贝，不断地向百姓接近、接近、再接近。

一次，我正在给研修生做团体短时咨询，文娟也参加了。

咨询讲课是我的木职工作，包括让咨询时长不断变短，这也是在做一件实现自我咨询理念的工作。让我感到意料之外的是，这次短时咨询竟然引起了文娟特别的兴趣。

其实关于抓住机会做件事，这是一件经常发生的事，但这件事一旦发生了，就成了梦想成真的事，其实并不多见。让我另一个意料之外的是过了不久，文娟的书就写出来了！

文娟了不起！

我之所以提出让心理学成为老百姓手里的工具，是因为自从冯特建立了第一个心理实验室，弗洛伊德创建了精神分析这第一个正规的心理治疗体系以来，心理学虽然有百多年的存在，但本质上还不算是为老百姓服务的。虽然也有廖若晨星的老百姓借了它的光，但更多的老百姓享受不到它。

老百姓那么需要心理咨询，却很少能得到这份福音。不是因为老百姓不配，是因为那些理论概念不太容易被老百姓理解和接受。它需要的金钱不是每个人都负担得起，而做咨询所消耗的时间最长的可以十几年几十年，最短的也得三到六次，这更是让绝大多数紧张忙碌的现代人望“咨”莫及！

当今世界，焦虑几乎成了每个人的切身体验。但是怎么解决呢？实践已经证明，靠吃得好、喝得好、玩得好、挣得多，靠高尔夫、游泳，靠奥运会，不是说没有用，但是多数人用不上。

因此，如果能找到一种为大众所能理解、能接受、能享用的短时心理咨询方法，将是全世界百姓共同的需要。因为人之所以能够区别于动物，除了需要生存这一点和动物一样，丰富的精神需求则是人所独有的。

而精神至少可分为苦乐两种。人活着不是为了痛苦，但人的痛苦恰在于不知如何摆脱痛苦。这是全世界共同的社会问题。不论想出多少种办法，发明出多少药物和机器来解决这个问题，都缓解不了人们对心理咨询、心理训练、心理教育、心理支持的需求，依然是会越来越多。

在这个意义上，本书的出版算得上是给百姓的献礼。

如果你是心理学同道大咖，能给这本书提出提升和改进的意见，那是功不可没的慷慨！

如果你是心理咨询的同道，能和我们一起研磨这个疗法，让它更符合老百姓的需求，也让咨询师用得更加顺手，那我们也会对你深表谢忱！

如果你是心理学爱好者，学了这个方法，朋友之间互相聊聊，也许一张扑克牌、一个棋子翻转之间，就颠覆了伙伴的执念，多么难得！

如果你就是一个普普通通的老百姓，利用本书提供的方法让自己成为自己的心理咨询师，不亦乐乎！

在祝贺这本书出版的同时，作为在心理咨询这条路上跋涉了二十年的老咨询师，我也期待着同道们奉献更多短时的，甚至瞬间的颠覆执念，赢得快乐的咨询方法。对此我乐观以待！

哈尔滨曲伟杰心理学校校长　曲伟杰

2021 年 4 月 10 日

自序

几年前，我的一个学生突然自杀了，究其原因，“压死骆驼的最后一根稻草”只是一些生活琐事。作为一名有教师背景的心理咨询师，我为我的学生感到惋惜和遗憾，同时也不禁去想，如果能有一些简单有效的心理咨询方法可以让每个人在生活中随时随地使用，解决生活中随时可能出现的小情绪，或许就可以减少这样的悲剧。

此后的几年，我一直在寻找和探索这样的心理咨询方法。然而，为保护来访者和咨询师的最基本利益，只要涉及与来访者相关的事件经过和隐私，一种心理咨询方法就不可能离开心理咨询室或特定环境，不可能做到随时随地应用；如果一种心理咨询方法不能做到程序标准化，那心理咨询就只能由具有心理咨询专业背景的人完成，就不可能走进普通人的生活，被普通大众使用，惠及广大的人群。然而，不涉及事件经过、标准化的心理咨询方法，又很难做到根据不同来访者的具体情况随机应变地探索来访者的心理状态，帮助来访者自我成长。

究竟有没有一种简单有效的心理咨询方法，既能绕过事件经过、程序标准化，又能让没经过专业训练的普通大众自主使用，解决随时可能出现的、生活琐事引起的情绪问题，获得自我成长？更重要的是，小情绪可以被自我及时化解，不再积累起来威胁人们的身心健康甚至生命？

找到这样的方法，是我的心愿和努力的方向。

曲伟杰老师是我的心理咨询启蒙老师，是一位善于尝试、勇于创新的咨询师，我的“二级心理咨询师”证书就是在“曲伟杰心理学校”学习并通过考试的。今年恰逢曲伟杰老师的心理学校成立 30 周年，在此表示祝贺。

三年前，我受邀参加一堂课，曲伟杰老师在这堂课上演示了他创立的“象棋咨询”，还尝试了极尽可能缩短心理咨询的时间。也正是在这堂课上，我首次提出并尝试了“不涉及事件”的问询方式，并获得成功。

我认为，在咨询过程中如果要极力压缩心理咨询时间，那咨询时间就不再受咨询师控制，而是由来访者决定——由来访者对事件的讲述所用的时间决定，还要加上咨询师和来访者共同对事件的处理时间。只要来访者需要讲述引起他情绪的事件经过（细节），咨询时间就不可能缩短。于是我想到，如果避开事件经过，直接聚焦于来访者的情绪，不仅可以实现曲伟杰老师将咨询时间缩短的目的，还可以实现我想要找到一种方法可以“不涉及事件（来访者隐私）”的目标。

“不涉及事件”的理念在实践中取得成功，不仅是曲伟杰老师“象棋微咨询”成功的决定性因素，也是我创立“一刻钟自主心理咨询”的基本条件。

我又经过不断地实践、论证和改进，建立了问询体系，标准化了结构机制，得到经典理论的支持，形成了独立的思想体系，这才有了最终被命名为“一刻钟自主心理咨询”（以下简称“自主咨询”）的心理咨询和治疗方法。

在个体“自主咨询”实践过程中，为避免来访者爆发强烈的情绪，或想以此决定重大事件等情况，限定了“自主咨询”主要用于解决因生活琐事引发的情绪问题，是“小”事件、“小”情绪的应对策略和解决方法。在团体“自主咨询”实践过程中，为避免咨询师难以随时关注每个来访者变化的情况，编制、完善了团体咨询的指导语，让每个来访者跟随指导语进行自我探索和自我成长。“自主咨询”能实现服务全民的目标，是不断细致打磨的结果。

“自主咨询”作为一种心理咨询方法，它能被普通大众使用体现了它的普适性；它使用过程简单具有固定的、标准化的程序，而且咨询效果明显，体现了它的科学性；它虽然综合了多种复杂的心理学技巧，体现了多个心理咨询方法的智慧，但它又有独立的思想和理论体系，具有独立性。

“自主咨询”是一种普适的、科学有效的、独立的心理咨询方法，“人人可用，时时可用，处处可用”，它让正规心理咨询走出咨询室，摆脱对心理咨询师的依赖，走进普通百姓，惠及大众。

吕文娟

2021 年 8 月

原书稿完成于 2018 年 8 月，时隔三年，出版之前写个序言，讲一讲写这本书的初衷和经过。细细品味发现只剩下了发大心愿立下的誓言：年轻的生命已经逝去无可挽回，但生命不能白白消逝，总要有人为悲剧不再重演做点儿什么。

如今，算是实现了当年的誓愿。此后，也不会停歇。

目　录

前　言

我国自改革开放以来，经济的飞跃发展，社会环境的巨大变革，在物质和心理上都给人们带来了极大的冲击，与之相比，我国的心理行业发展相对滞后，不能为广大百姓提供物美价廉的心理咨询服务，心理咨询服务只有少部分人消费得起。因此，现阶段我们亟须一种可以自我调节、自主咨询的简单、高效、科学的咨询方法。

一、社会环境发生巨大变革

我国自改革开放以来，无论是国际政治影响力还是国际经济地位都在迅速提升，使我国在国际关系等方面面临巨大挑战，面对更激烈的竞争，承担更大的责任。

随着我国国力的增强，国际地位的变化，我国内部也在各个社会领域发生全面改革，随着改革深化我国的人口格局发生了巨大变化。2000 年，我国城镇人口占总人口的 36.22%，在 2015 年，达到 58.52% 超过半数，并且还在持续增长。虽然我国城镇人口占比距发达国家的 80% 尚有很大差距，但这二十多年的变化，给社会和民众都带来了巨大冲击。

我国社会内部冲击力不仅来自经济发展和城市化进程，也表现在其他各个方面——生产力提高、科技进步、体制改革等。随之而来的社会节奏越来越快，社会竞争也越来越激烈，诸多方面都在发生日新月异的变化。

我国处于社会转型期，各方面的巨大改变影响人们生产生活的同时也影响了人们的社会心理。

因此，社会环境的变革使得人们需要更快速、更高效的心理干预方式，来稳定人们的社会心理，帮助人们顺应社会变革。

二、人们的心理遭受前所未有的压力

一方面，社会转型给人们的需求带来了机遇。

社会信息交流速度加快，人们有了更多渠道认识和了解心理现象；社会经济加速发展让更多人有机会将用于衣食住行等社会基本需求的可支配资源，更多地分配到文化产品、精神追求等提高生活品质的社会高级需求；认知观念和经济能力的改变，使人们有意识也有能力对自身心理健康更加关注，期望达到身心协调、身心健康。

另一方面，社会转型也给人们的内心带来前所未有的压力。

城镇化进程无论对城市新市民还城市原有市民来说，生活习惯都被彻底改变了。新市民要不断适应城市生活，原有生活习惯和思维方式都在不断接受挑战；城市原有市民，也面临着城区不断扩大、城市人口不断增多，甚至邻居不再是原来的老邻居、菜市场也不再是原来的菜市场等随处都有的变化。人们要对自己的行为和心理习惯不断做出调整以适应日新月异的变化。同样，城市化进程对农村人口同样也产生巨大的影响，是安土重迁还是适时移民，可能会在很长时间内困扰着新时代的农民。无论怎样选择都势必会带来生活和心理的冲击。

经济快速发展，科技不断进步，对人们生活和工作的要求越来越高。社会竞争日益加剧，有些领域的竞争水平之高，甚至达到惨烈的程度，几乎全社会都在面对各种各样的压力。在这种高竞争压力的社会中，人们更容易产生抑郁、焦虑等情绪，随之而来的是各种反常行为和身体不适症状，甚至有的人难以调节或忍受内心的痛苦，或产生犯罪行为或选择结束自己的生命。

人们越来越需要适应现今社会的、符合人们生活实际的、高效的心理产品，帮助人们在快节奏、高压力的生活状态中随时解决心理问题，提高人们的心理、生理健康水平，改善人们的生活质量和人生体验。

三、我国的心理咨询行业发展滞后

自改革开放之后，心理学及相关科学在我国越来越被重视，在科研和实际应用方面，都有了长足进步，已经形成了良好的心理学社会氛围。

伴随几代心理工作者的持续努力与传承，我国的心理学研究成果逐渐被世界认可，国内心理学相关的科学普及工作也取得了显著成果，不仅帮助人们破除迷信、科学生活，也为社会稳定和提高人民生活质量做出了贡献。

心理咨询作为心理学的一个分支，与人们的实际生活密切相关。我国现阶段心理咨询行业有以下几个特点：

第一，心理咨询在我国已经被广泛接受。

2001 年 4 月劳动部正式推出《心理咨询师国家职业标准（试行）》，并将心理咨询师正式列入《中国职业大典》，这意味着心理咨询师在中国正式成为一种职业；2002 年 7 月，心理咨询师国家职业资格项目正式启动。

经过国家的大力宣传和相应政策的支持，以及一大批心理咨询前辈几十年的不懈努力，心理咨询作为一种职业已经被全社会认可。它的功能也被社会大部分人所了解，从事心理工作的人们再也不会遇到这样的尴尬："心理咨询师？算命吗？看相吗？"或是"那您能看出来我在想什么吗？"。

现在，几乎所有达到一定人数的单位，包括大中小学、企事业单位等，都有具备心理咨询能力的专职或兼职人员，为教师学生、公务人员、企业员工等提供专业的心理辅导。这也从另一个侧面表现出了民众和社会对心理咨询的广泛接受。

第二，我国心理咨询师职业推广良好，但专业水平较低。

从2002年心理咨询师国家职业资格项目正式启动，到2017年人社部发布的《关于公布国家职业资格目录的通知》，心理咨询师不再列入《国家职业资格目录》，每年两次的心理咨询师考试也在2018年5月最后一次考试之后，不再进行。

这15年的时间里，拿到心理咨询师二级或三级证书的人数众多，在一定程度上推动了心理咨询行业的普及和社会认同程度。但不能否认的是，我国的心理咨询师行业培训与国际普遍标准相比，时间不足、内容不足、实践不足。

现阶段我国心理咨询师行业整体特点是准入门槛低，也就导致从业人员水平参差不齐，总体水平较低。

咨询师职业考试的产生和推广是在特殊历史时期，具有很重要的意义，对我国心理科学的发展和心理咨询行业的认同起到了重要的推动作用。它的取消也是历史的进步，我们国家的心理咨询行业并不会随之消失，而是一个转折，是从普及化到专业化的转变。

第三，心理理论和心理咨询实践脱节。

虽然我国目前心理咨询的社会接受度比从前高，但存在的问题也是非常明显的。

一方面，我国几乎所有综合性大学都有心理专业，其中就有发展方向为心理咨询师的专业，如“心理咨询与治疗专业”。但是这样培养的心理咨询师，心理咨询实践水平相对较低，我们称之为“学院派心理咨询师”。虽然他们的理论基础扎实，但是缺乏心理咨询技能的实际应用能力，对心理咨询临床方法和技巧的掌握和运用都不熟悉，社会学知识相对薄弱，心理策略的运用与社会互动实际情况脱节，在心理咨询实践中有时会表现得形而上学。

另一方面，社会上一直从事心理咨询工作，但没有经过系统的心理学理论学习的心理咨询师，我们称之为“社会派心理咨询师”。他们具有丰富的社会知识、活跃的社会交际思维，能够给来访者更好的情绪体验，但他们理论基础薄弱，往往用自我经验代替心理规律来评估来访者的问题。他们对技能方法更为重视，但不愿意花更多的时间精力学习心理学基础理论。

“学院派”和“社会派”的心理咨询师团体，就像两个闹了别扭的小情侣，互相别扭着，互相挑剔着，互相瞧不上而又互相离不开。这样的状态在某种程度上阻碍了心理咨询行业在我国的健康发展，阻碍了全行业的改革进程，也阻碍了社会人群从中受益。

“知识是宝库，实践是钥匙”，理论与实践二者不该有任何矛盾。作为心理工作者，我们一方面呼吁相关部门推进改革，让“学院派”和“社会派”这对小情侣迅速和解，尽快“领证”，结合成为一个共同体，为心理咨询行业在我国健康、快速发展清除阻碍；另一方面，亟待创造一种适用于当前人们生活，简单高效、适用性广的方法，让人们可以不受或者少受知识能力和实践经验的限制，就可以提高心理健康水平，提高生活质量。

四、提出“自主咨询”的思考

美国、德国等国家心理科学发展领先世界水平，这些国家在心理咨询师培训方面都有一套完善而严格的系统，非常值得我们借鉴。但是我们不能因为国外的理念和方法先进就照搬，必须要与我们国家的实际情况相结合，要适用于我国，要具有实用性和可操作性。

我们在借鉴世界前沿的心理科学理论和国际先进水平的心理咨询方法的同时，也需要创造我们自己的、适用于本土的中国方法。

在大部分心理咨询师还做不到理论与实践结合，做不到专业化之前，克服社会大众对心理咨询师的质疑态度，结合时代特点，为更多的人提供有效、优质的心理服务，就是心理工作者的任务。

“自主咨询”这种“全民可用”“极短时程”的心理咨询方法，正是在这样的时代需求和现阶段心理咨询社会认同的背景下产生的。

“自主咨询”是一种简单、快捷、高效、适用性广、不受心理学背景限制的方法，它是一种有经典理论支持的、有独立问询体系和思想基础的、科学的心理咨询方法。“自主咨询”是一种走出心理咨询室可以被普通大众使用，实现“人人可用，时时可用，处处可用”的一种心理咨询方法。

第一章
“自主咨询”是什么

“自主咨询”来源于百姓生活又应用于百姓生活，既有常规心理咨询法的功能，又有其独特的功能；是一种既可以被独立使用，又可以结合其他方法共同使用的心理咨询法。

第一节 “自主咨询”的基本概念

一、研究源于生活发现

日常生活中，人们的心理困扰源于负性情绪，负性情绪不仅是不良认知和行为的中间杠杆，也是人们身体健康的重大威胁，更是诱发犯罪行为和社会群体性事件的重要因素。然而这些情绪大多是由生活琐事而非影响人生的重大事件引起。

有些时候，人们没有及时关注到由生活琐事引起的小情绪造成的伤害，就像人们没有注意到在一次碰撞或摩擦之后身体出现了一些小伤口；也有些时候是人们意识到了它们的存在，但不善于或者不会处理这样的情绪，于是便带着这些情绪继续生活。在这种情况下，情绪的作用就会影响人们注意的选择性，使人们更容易注意到和他们当前情绪相符的事件，或对一些事件做出与当前情绪相符的解析。例如，人在悲伤情绪状态下，更容易注意到让他产生忧伤情绪的事物，而对一件事的解释也更倾向于忧伤的意义。

由于负性情绪影响产生负性认知，负性认知转而又影响情绪，两者相互作用，导致情绪失控，进而增加行为失控的可能性。负性情绪、负性认知、负性行为之间相互影响，相互作用，形成恶性循环，反复震荡，不断加深。如果这个负性循环不被干扰或阻断，就会像滚雪球一样越来越失控，造成极大破坏性。

因此，及时处理负性情绪对减少犯罪行为、增加社会稳定性起到重要的作用。

情绪，也是影响人们身体健康的一个重要因素，不仅癌症、高血压、冠心病等慢性病和心理因素相关，各种无器质性病因的疼痛等问题也与心理因素相关。还有一些心理问题直接表现为躯体症状，也就是精神病学的躯体转换障碍，患者无意识地将心理冲突或精神痛苦转换成身体症状或疾病表现。

在咨询室中，很多来访者虽然带着解决心理问题的目标而来，但同时，他们也带来了躯体问题。在咨询师引导来访者进行更深层的情绪体验时，有些来访者也同时体验到了更多的躯体感觉，例如，寒冷、燥热、肌肉紧张、疼痛、重物压力感等。这一方面让来访者承受着心理和躯体的双重痛苦，另一方面也带来了继发问题——来访者为消除或减少这些痛苦而做出影响生活、工作、学习和社交的行为，有些人还可能不断求医问药，付出大量时间和金钱。即便如此，负性躯体感觉也不见明显改善，无形中给来访者本人、家庭又造成了额外的压力。而久治不愈的躯体痛苦也同样反作用于来访者的情绪，影响内心体验。从社会角度讲，这也给社会增加了负担，例如增加了医疗保险的支出，等等。

有效的情绪管理，及时消除负性情绪对负性认知、失控行为、不良躯体感觉的作用，无论对个体健康、群体利益还是对社会稳定都具有重要意义。

因而，一种适应当前社会需求和人们心理需求，有针对性地、聚焦于解决生活琐事引起的情绪问题的心理咨询方法，已经成为社会生活的迫切需求。

二、“自主咨询”是什么

（一）“自主咨询”的概念

心理咨询有广义和狭义之分，本书的心理咨询是指不包括医学心理检查、医学心理测验和用药等心理咨询手段的狭义心理咨询，即指运用心理学的方法，对心理适应方面出现问题并企求解决问题的来访者提供心理援助的过程。心理咨询是咨访双方通过面谈、书信、网络和电话等手段向来访者提供心理救助和咨询帮助。心理咨询最一般、最主要的对象，是亚健康人群或存在心理问题的人群，它有别于极健康人群，也和心理治疗的主要对象有所不同。

“自主咨询”是立足于心理学基本理论，借鉴了焦点咨询的基本流程，结合了多种心理咨询技术和方法，以来访者对事件的情绪体会为解决问题的主线，利用“认知—情绪—躯体环式问询体系”的提问框架，引领来访者对事件进行自我探索、自我反思，从而促进来访者在5~15分钟的时间里，完成认知重组，建构对原有事件的新的认知体系，并改善由于负性情绪引起的不良机体感觉，最终解决该事件引发的情绪问题。

“自主咨询”是一种聚焦于情绪，并以情绪为杠杆调节其他相关心理因素的方法，涉及认知、躯体感觉、行为等的相互作用，并在情绪的扰动下建立合理的、适应的、良性的“认知—情绪—躯体感觉”心理体系的心理咨询方法。它是一种来访者在一定问询框架下依靠自我调整解决心理问题的心理咨询方法。

（二）概念说明

顾名思义，“一刻钟自主心理咨询”是一个以一刻钟为时限，极短程、极聚焦的心理咨询方法。

首先对“一刻钟”这个时间概念做一个说明。这里的“一刻钟”并不是一个时间点，而是以一刻钟为终点的时间区间。也就是说，“一刻钟自主心理咨询”并不是必须在一刻钟时间点处刚好完成咨询过程，而是根据来访者的咨询情况可以稍有提前或延后，但一般可以在一刻钟内完成。

其次，“一刻钟自主心理咨询”之所以被简称为“自主咨询”，重点在于“自主”。“自主”有两方面含义：一方面是使用者的自主。使用者不需要有心理咨询的专业素养，也不需要专业人员帮助，只要自主按程序提问即可使用。使用的对象可以是别人，也可以是自己。另一方面，是被咨询者，即来访者的自主。在使用过程中来访者主要靠自己内在的能动性解决问题，而不是如传统咨询方法那样，更多借助咨询师的力量和引导解决问题。也就是说，无论是从咨询者角度还是来访者角度，都体现了这种心理咨询方法的“自主”性。

“自主咨询”的目标有三个，一是调整负性情绪，二是帮助来访者运用情绪杠杆，松动对事件的不合理信念，解构不合理认知，最终建立新的合理认知结构；三是改变由负性情绪引起的不良身体感觉。

三、借鉴“焦点技术”结构

“自主咨询”要最大限度地帮助普通大众解决随时发生的日常生活引起的情绪问题，就要缩短时程，但不能牺牲咨询效率，这就需要严谨高效的结构，要保证短时起效又要做到长时有效。咨询成果不能只出现在咨询过程中，更要具有指导生活的功能，在思维和行为等方面影响来访者发生有实际意义的变化。为实现这一目标，“自主咨询”以“焦点解决短程治疗”的结构作为基础，全过程分为三个阶段——咨询、梳理和反馈。每个阶段 5 分钟，共计 15 分钟，“一刻钟自主心理咨询”的“一刻钟”就是由这三个 5 分钟构成的。

“自主咨询”用于“环式问询”引领提问和咨询的时程极短，只有大约 5 分钟时间，这和常规咨询相比，最大劣势就是来访者在咨询过程中的变化没有充分时间强化，咨询成果很容易消退，妨碍了咨询成果延伸到生活中。因而需要在来访者的咨询成果消退之前，采取措施进行强化。由于“环式问询”引领提问和咨询的时间通常只有 5 分钟，那么强化的时间也不宜过长。如果强化的时间过长，就会喧宾夺主本末倒置，同时要求强化措施必须同样具备高效、聚焦的特点。因而，咨询、梳理和反馈三个阶段均设定为5分钟。

在“自主咨询”的第一个5分钟——咨询5分钟之后，再给来访者5分钟左右的梳理时间，是让来访者梳理和反思在咨询过程中的改变和收获，也是强化和巩固这些变化的过程。这个过程连接着“咨询”与“反馈”两个阶段，是咨询室的收获与生活应用之间的纽带。真正帮助来访者直接将咨询收获应用于生活的是第三阶段——反馈阶段。

经过咨询和梳理之后，接下来的问题就是如何将咨询室的收获应用于生活，这个阶段也是5分钟。反馈阶段的作用实质是帮助来访者确立在生活中可以实践的行为模式，这个行为模式是他稍加努力能够做到，并与他的生活密切联系，与咨询成果相一致的。咨询成果最终是要影响来访者的实际行为，巩固来访者在咨询室中的情绪、认知、行为和躯体体验等各个方面的变化，使这些变化也能在日常生活中得到体现。

以上三个阶段，是受到了“焦点解决短程治疗”结构的启发，经过改进，适应“自主咨询”的咨询主旨和目标，最终作为“自主咨询”问询体系的结构基础。

四、“认知—情绪—躯体环式问询”体系的概念与作用机制

既要适应社会快节奏的需求，又要让普通民众也能切实有效地解决问题，这对一种定位为“服务全民，全民适用”的心理咨

询方法来说是一种挑战。

解决这个难题的关键在于对来访者的提问。

心理咨询的有效性很大程度取决于咨询者的提问，提问方式带动来访者改变思维方向，自我探索，自我成长。一种咨询方法要在极短时间内起到聚焦情绪、改变认知、调整躯体感觉、影响行为等作用，就要有其独特的提问方式——要做到“全民适用”就要高效、易学、易用。

“自主咨询”的问询体系是以“认知—情绪—躯体环式问询”体系（以下简称“环式问询”）为核心的问询模式。实践证明，这种问询方式起到了在不涉及隐私的情况下快速聚焦并能行之有效地改变负性情绪的作用。

（一）“环式问询”的概念

“环式问询”指的是：咨询师首先引导来访者将注意力聚焦于情绪和躯体感觉，并借助中介物探索事件与世界的关系；而后再次就事件引起的认知、情绪和躯体感觉提问，感知前后两次情绪和感觉的变化。如此反复，以来访者心理状态的差异作为变量，不同心理状态即不同的提问时机，重复相同的问题，在引导来访者对认知、情绪、躯体感觉的循环体会中，完成原有认知体系的解构和新认知体系的重建；新认知体系又影响情绪，彼此形成有益促进，同时也改善躯体感觉。

简言之，“环式问询”是在不同时机对来访者的“认知—情绪—躯体感觉”重复提问。虽然问题重复，但时机不同，来访者的心理状态不同，对问题的反应结果也就不同，继而达到改变“认知—情绪—躯体感觉”形成的自我心理体系的作用。

“环式问询”绕开事件，直接聚焦于情绪，以情绪和躯体感觉带动认知调整，并通过中介物（扑克牌、书本、文字、字母、象棋等可赋予意义的材料）将影响躯体感觉的潜意识因素意识化，这是“环式问询”适用于“自主咨询”的主要原因。

“环式问询”的结构非常简单，只由几个前后重复的问题构成，易学习，易记忆，易使用，使得“自主咨询”能够被普通百姓应用于生活，做到“服务全民，全民适用”。

（二）“环式问询”的作用机制

家庭治疗中常用“循环性提问”技术，“自主咨询”中应用的“环式问询”的思想和家庭治疗中“循环性提问”完全不同——“循环性提问”是咨询师根据需要在家庭成员之间做出反复和循环的提问，是在不同个体间的循环；而“自主咨询”的“环式问询”是对同一来访者前后多次提出一个或几个相同的问题，是不同时机对认知、情绪、躯体体验相同提问的循环。

不同时间节点，相同问题前后测，通常的变量是时间。然而，在“自主咨询”中，由于时间过短，不足以引起来访者显著变化，因而，时间变量不予考虑。引起来访者变化的是问题本身。

在短时间内来访者要前后多次思考相同的问题，或做出相同的行为，但结果却不一样，这是由于“环式问询”的独特作用机制使来访者产生了心理变化。

1. 循序渐进，降低阻抗

“环式问询”的提问是逐渐展开的，由表及里、由浅入深，从情绪体验、躯体感觉开始，逐渐展开对事件、世界与自身关系的评估，由自我到全局，由当事人视角到旁观者视角。第一轮思考结束并不意味着终止，而是在提问和解答中获得新的经验，在新的心理状态下再进行下一轮循环思考，依然是由表及里、由浅入深。这样的螺旋式深入，不仅给来访者思维方面的启发，相较于直接提出深层次的问题，这种提问方式也降低了来访者情感方面的阻抗。

2. 反复刺激，引发思索

“环式问询”在不同时机来访者不同心理状态下循环提出相同问题，诱使来访者对该问询不断思索扩展思维领域。第一轮的问题可能是来访者此前从没有思考过的，问题的提出刺激了来访者在这些方面的思考。经过一系列的思索，来访者心理已经发生改变，再次提出相同的问询就意味着对同一关注点的反复心理刺激，受到前一轮提问的启发，对同一个问询来访者有了更多的线索引发更深层的思考。在这些问题的反复刺激之下，来访者之前没有意识到的问题、方法等就可能被意识，使潜意识层面的信息上升到意识层面。

3. 心理暗示，期待变化

“环式问询”本身就有暗示来访者将获得改变的作用。来访者在面对不同时段的相同问询，通常期待给出不同回答，他们也会认为提问题的人（咨询者）在期待不同答案。对这些与先前不同的回答，来访者也会期待它是更深入、更扩展、更具有建设性的，而不是简单、重复、没有新意的。因此，来访者会接受暗示，在实现自我和咨询者的期待时做出更多的思考，他们在对“未来可以实现”的期待中发生了变化。接受暗示是被动的，变化是主动的，虽然可能是无意识的。

4. 问题相同，角度不同

“环式问询”虽然前后提出了相同的问询，但发生在来访者不同心理状态的不同的时机。“环式问询”本身就是以促进来访者自我探索和个人成长为目的设置的具体问题框架，因而当来访者在情绪、认知、躯体感觉等方面逐渐发生变化时，自我认知也在改变，思考同一问题的视角也随之变化。如同在远近高低不同角度观察同一物体会有不同描述，由于情绪和认知的改变，来访者对同一问题的观点和看法也都会发生变化，会有更多、更广、更深的思考。

5. 不断探索，深化思维

在面对事件时，来访者的注意力往往聚焦于事件引起的情绪，而对事件持有的核心观念往往是意识之下的，不被察觉的。随着对同一问题不断探索，那些介于意识与潜意识之间若有似无的思维和理念就会被觉察、被意识，继而可以被评估、被加工。“环式问询”就像是在一个环形楼梯上行走，既能让来访者不断回顾和对比相同问题前后两次的不同反应，也能不断引导来访者一层一层向思维的更深层次前进，逐渐接近不合理核心理念。在对自我反应变化的感知中，来访者可以探索到深度思维中的信念，改变思维构架，不合理的核心理念得以松动和修正。

6. 真实改变，自我成长

经过“环式问询”引领来访者的改变是真实而有现实意义

的，因为它确实影响和改变了来访者的思维方式，是来访者自发的、自我探索和自我成长之后的改变，它不是来访者对咨询师配合的表演，也不是咨询师诱导下的装扮，更不是安慰剂效应。这种形式简单、内容丰富、立足于自我探索的问询方式，不仅能使来访者在咨询过程中获得改变，也很容易被学习和应用。“环式问询”的思维体系内化为来访者本人的生活智慧并不困难，来访者不仅可以将咨询过程中获得的咨询成果应用于实际生活，也可以用这种方法帮助他人成长。

“自主咨询”能取得成功的原因有很多，创造并使用“环式问询”就是其中的一个因素。

五、“自主咨询”创建过程中的问题与解决办法

“自主咨询”的产生不是一蹴而就，它经历了一个不断建立与完善的过程。在这个过程中也曾遇到种种需要探讨和研究的问题，经过调整最终确定了“咨询—梳理—反馈”的基本咨询模式。期间遇到的问题主要有以下几个方面。

（一）不叙述事件经过可能引起部分来访者不适

“自主咨询”改变了通常的咨询理念，咨询师和来访者自始至终都没有探讨与情绪相关的事件经过，咨询始终围绕着来访者的情绪体验和躯体感觉展开。来访者最初的、倾诉事件经过的欲望没有得到满足，这会造成来访者被压抑的焦虑和不适。

来到心理咨询室的来访者，通常都对心理咨询有一定的认识，大部分人对心理咨询的了解和接受程度要高于社会的平均水平。来访者来到心理咨询室之前，对咨询过程和咨询师就有一定的心理预期，有些人甚至做了充分的准备，把引起他不适的事件经过反复梳理了很多次，做好了与咨询师交流的准备。还有些来访者的咨询目的就是找一个与他实际利益相关度低的人，倾诉事件的经过。这也是减少事件负性影响的有效方式之一，因为倾诉本身就具有心理治疗的功能。

“自主咨询”创建之初就确定了“咨询过程全程不涉及事件经过”的咨询思想，来访者的倾诉欲被压抑，会不会引起来访者负性反应呢？会。在“自主咨询”的临床试验阶段，一部分来访者确实想要倾诉事件经过，而咨询师并没有提问；也有些来访者在想要展开话题准备倾诉的时候，被咨询师用其他的提问引开了，来访者确实体验到了“心理打结”的感觉，似乎有一个“未完成事件”。但是经过临床试验，这种“没有倾诉事件经过引起的焦虑和不适感”并不影响来访者情绪问题的解决。

为什么“不倾诉事件经过”造成的焦虑和不适感没有影响来访者情绪问题的解决呢？

第一，来访者的心理期待。虽然一开始咨询师并没有让来访者讲述事件经过，引起了“焦虑和不适感”，但是咨询已经在进行，没有中断，来访者心理是有期待的，期待在接下来的咨询过程中他会有机会向咨询师讲述事件的经过。来访者通常会认为“讲述事件经过”是心理咨询的必要环节，不可缺少。因而，即便开始的时候心理咨询师没有问及事件的经过和细节，也会在接下来的某一时刻让他们有机会讲述困扰他们的事件。所以，没有倾诉事件经过的这种负性情绪，并没有影响来访者的配合度，他们还是能够积极跟随咨询师的引导完成接下来的咨询程序。

第二，这种“焦虑和不适”程度较轻。没有倾诉事件经过所引起的负性情绪相对水平较低，低于事件本身引起的负性情绪。因而，即使来访者由于没有讲述事件经过而产生一些焦虑，也更愿意跟随咨询师的咨询思路完成咨询，解决事件本身所引发的情绪问题，而不会把重点放在关注倾诉事件过程上。如果有一些来访者对叙述事件细节有强烈的渴望，没有倾诉环节让他们感到非常不适，甚至要打断咨询师的提问或者岔开话题也要叙述，那么，这种强烈的情绪就不是“没有叙述”引起的，而是事件本身引起的。事件对来访者情绪的影响超过了“生活琐事”所能影响的范围和程度，需要进行常规咨询。

第三，倾诉欲可能由来访者思维反刍引起。有些来访者想要倾诉事件经过并非认为事件经过非常重要，而是由于事件引发的焦虑导致的思维反刍。虽然回忆这些事件往往会产生消极情绪，来访者甚至并不愿意想起这些事件，但还是无法克制地想起。在咨询过程中，随着咨询师引导来访者反复关注情绪的变化，事件带来的焦虑和没有叙述细节带来的压抑都会被关注。随着接下来一系列的引导和提问，来访者核心观念解构并重组，对事件的基本认知发生改变，支撑负性情绪的基础坍塌，焦虑和压抑也就消失了。

因此，即使最初因为没有叙述事件经过会使一部分来访者感到不适，但随着咨询的展开，这种不适也会消失，并不影响最终的咨询效果。

需要指出的是，少部分来访者经过“自主咨询”之后，还会有强烈地想要倾诉事件过程的意愿，通常都在咨询的第三阶段——反馈阶段表现出来。如果来访者迫切想要倾诉，咨询师不需要阻止来访者，可以让来访者简单叙述，有助于巩固咨询成果。

（二）咨询师追求时限，略显焦虑

在“自主咨询”产生和最初推广的临床实践过程中，咨询师往往为了追求“一刻钟”或“三个 5 分钟”的时限，语速比较快，问题提出后留给来访者的情绪酝酿和体验躯体感觉的时间也较短，在来访者还没有充分反应时咨询师就提出下一个问题，略显急促。

咨询师的这种焦虑情绪很容易被来访者感知，干扰来访者的反应，影响最终的咨询效果。

一般来访者本身就带着焦虑情绪来到咨询室，咨询师的焦虑情绪会加重来访者的压力，让来访者产生阻抗，或者采用回避等消极应对模式。还有一些讨好型的来访者觉察到咨询师的急切心情，就会非常配合快速做出反应，而忽视了自己的真实情况和深刻体验。来访者与咨询师“合谋”制造和表演出良好的咨询效果，但事实上并没有成效还可能适得其反。总之，咨询师的焦虑会影响来访者的真实反应，进而影响咨询的真实效果。

使用和推广“自主咨询”的过程中，咨询师应注意以下几个问题。

首先，咨询师应明确“自主咨询”是一种以“一刻钟”或“三个5分钟”为基本时间区间的极短程心理咨询方式。“一刻钟”是一个弹性的时间区间，不是绝对的时间点，是一个根据来访者的具体情况，每个阶段大约用时在4~6分钟，共计一刻钟左右的一种心理咨询方式。“自主咨询”并不是一种刻板的、绝对化的咨询方式，它和其他心理咨询和治疗方法一样，基本原则是为来访者提供心理服务和心理帮助。如果来访者的问题在4~6分钟内没有解决，就需要更长时间，如果来访者在进行“自主咨询”的过程中出现了情绪起伏较大等情况，那就需要转为常规咨询，以一小时左右为限。总之，“自主咨询”的“一刻钟”或“三个5分钟”是一个相对概念，不能刻板而教条地将它绝对化，要根据来访者的不同情况弹性地使用。

其次，帮助“自主咨询”的使用者意识到他们对时限产生了焦虑情绪，这种对时间的焦虑是没有必要的，也是对咨询没有任何帮助的，这种焦虑是应该克服，也是完全可以克服的。咨询师在使用“自主咨询”为来访者提供心理帮助时，应该了解和理解“自主咨询”的宗旨和服务理念，要以来访者为中心，以来访者的心理利益为服务目标；还要了解和明确“自主咨询”的使用规则和方法，熟悉“自主咨询”的流程和应用程序，不在非必要的环节消耗时间，要把更多时间和精力留给来访者，让来访者充分反应和探索。咨询师在使用“自主咨询”时要调整认知方式，调整情绪，克服自身焦虑，在运用“自主咨询”帮助来访者的过程中，更有自信。

（三）实验对象的心理学背景影响外部效度

“自主咨询”最初的临床实验对象多是心理咨询相关人士，心理咨询师、有心理学学习背景或对心理学感兴趣的人群。这样做主要出于两方面考虑，一方面，这个群体相对其他群体能在“自主咨询”探索和完善过程中给出更有针对性也更具专业性的反馈；另一方面，如果“自主咨询”获得成功，就可以在咨询师群体尽快推广。

这两方面的考虑是必要的，但也带来了问题。

由于咨询师群体和有心理学学习背景和兴趣的群体或多或少受过心理学方面的学习和训练，相对于普通大众而言，他们的心理学素养比较高，对咨询师的提问意图理解得非常明确，对问题的感受性强，配合度高，会让他们的反应更倾向于符合心理咨询师的期待，使咨询过程更顺利，看起来也更成功。因此，这个群体的来访者反应时间短，配合度高，看起来良好的咨询结果实质是咨询师和来访者的共谋。虽然这个共谋可能是无意识的，但这就使“自主咨询”创建最初进行实践时看起来非常顺利，并且几乎所有咨询的每个阶段都可以在 5 分钟内完成。

所以，最初“自主咨询”在使用和推广过程中收集到的数据非常漂亮，但这些漂亮的数据并不完全来源于这种方法的有效性，也来自被试的特异性。然而“自主咨询”的心理服务目标是“人人可用，时时可用，处处可用”，而不是只由心理咨询师在心理咨询室内使用的方法，更不是只应用于心理学相关群体的方法，因此，“自主咨询”必须在普通人群中使用和试验。

很显然，由于最初选择被试的特异性，使得最初临床结论外部效度受到了影响。因此“自主咨询”在使用和推广到普通人群中重新收集数据时，对“自主咨询”的多组数据进行全面评估和修正，对咨询程序、过程和“环式问询”都做出了调整，以便提高外部效度，让这种方法更好地推广到普通人中，真正成为“服务全民，全民可用”的科学、有效的心理咨询方法。

（四）临床数据统计需加强

“自主咨询”作为一种新的心理咨询方法，在临床实践初期，统计数据收集不够全面。开始阶段，更多关注于它的有效性方向的数据收集，而忽略了它的适用群体和适用的心理问题的数据。此外，在应用和推广的过程中，对不同使用环境的数据收集也有待加强。

一种新方法是否有效，就如同一种新药是否有效一样，要经过统计验证。“自主咨询”最初的数据收集阶段，主要集中在验证方法的成功率方面，也就是每一位来访者在“自主咨询”完成之后是否解决了事件引起的负性情绪问题。是否能解决问题，是一种方法的核心价值的体现，但是只有这一个方面的数据，对证明一种方法的有效性而言，显然是不够的。

来访者的信息影响“自主咨询”效度计算。

因此在“自主咨询”试用的第二阶段，也就是在普通人群中试用阶段，增加了对来访者情况的统计和对来访者要解决的问题的统计。

“自主咨询”创造之初就有着明确的宗旨——服务全民，全民可用，时时可用，处处可用。要“服务全民”就要不分性别、年龄、城乡、国籍等，要让大部分人都能获益；要“全民可用”就要不分职业、学历、心理学基础等，要让大部分人都会用。要证明这一点，就要了解来访者方方面面的情况，加以统计验证。“时时可用，处处可用”则是指这种方法的应用环境，以往的心理咨询都是在心理咨询室内完成的，而“自主咨询”的定位就是可以在心理咨询室外的环境使用，因此，使用者的应用环境也作为一项数据被关注和收集。

“自主咨询”的咨询目标是处理生活琐事引起的情绪问题，而生活琐事可能涉及一个人生活的各个方面，可能是家庭关系，可能是人际社交、个人性情、学业工作，等等。“自主咨询”是不是对所有负性情绪问题都适用？这也需要验证。虽然“自主咨询”不涉及事件的具体经过，但在它发展的进程中，为让“自主咨询”在更广泛的应用范围使用时更为可靠，收集来访者要解决的情绪问题的类型，也是有必要的。因此，咨询涉及事件类型也成为“自主咨询”考察的范畴，在使用者和来访者自愿配合的情况下收集信息。

没有一次伟大的发现，不经历坎坷和等待；也没有一次伟大的进步，不依靠创新和积累。“自主咨询”的创建也经历了探索与打磨，这是它改变心理咨询思想观念、推动心理咨询历史发展道路上的一种尝试和突破。

第二节 “自主咨询”的独有特点

“自主咨询”作为一种心理咨询方法，具备通常心理咨询方法共有的特点，例如，心理咨询要帮助来访者解决心理和行为方面出现困难的问题；心理咨询是运用的心理学方法，立足于心理学基础理论；咨询师与来访者的互动是心理学范畴的互动；咨询要以帮助来访者在心理和行为方面获得积极改善为目标，等等。

“自主咨询”除了具有以上这些心理咨询方法通常具有的特点，还有它自身独特的特点。

一、不涉及个人隐私

古时候用于儿童开蒙教育的《增广贤文》中收录了这样一句话，“不如意事常八九，可与人言无二三”。西方文明也有一句类似的谚语，“不想让第三只耳朵听到的事情，就不要对第二只耳朵说”。可见，东西方文化在事件的隐秘性和隐私保护方面的态度基本一致。

目前在我国，心理咨询被接受的程度没有西方广泛，很大程度上受人们对心理咨询的误解和从业者整体专业水平的影响，导致人们害怕隐私泄露。这是普遍存在的，也是几十年间限制心理咨询行业在我国发展的原因之一。

“自主咨询”在隐私保护方面可以说是做了里程碑式的贡献，它让心理咨询可以在完全不涉及隐私的情况下帮助来访者解决心理问题。

很多时候，人们知道自己需要心理咨询，但是由于害怕自己的隐私泄露，而抗拒这样的选择。尤其是同城咨询，来访者的顾虑就更多，毕竟每个人都有自己的社会背景，人们担心自己的社会背景和咨询师的社会背景有交叉点。如果咨询师不够专业，泄露自己的隐私，就可能导致自己的社交形象受到影响，甚至可能产生更大的危机。因此，人们即使知道自己需要心理咨询，也还是显得顾虑重重，举步不前。

“自主咨询”克服了这个问题，最大限度地保护来访者的隐私。咨询过程中完全不涉及引起来访者情绪问题的事件经过和细节，不提及让他产生负性情绪的人，也不探讨来访者的思想动机和道德评价，不涉及与隐私相关的任何信息。因此，来访者也就不会再有暴露隐私的担忧和顾虑，不必因害怕泄露自己实际态度而导致继发伤害或负性社交影响，在咨询中的阻抗就会降低，反应更真实。因此，在咨询过程中，来访者可以毫无保留地和咨询师一起面对他的不良情绪和躯体感觉，因为通常情况下人们不会把情绪和躯体感觉当作心理咨询中的隐私。因此，来访者能够更坦诚地面对自己的不合理认知和行为，更深刻地自我觉察，不必担心隐私泄露。

人们生活在社会环境中，受到社会普遍道德准则的制约，也受到一定文化传统的影响，有些时候，人们的思想、观念、需求、行为、动机，等等，与社会普遍道德准则和文化传统相冲突。这些冲突会让人产生不良情绪，而人们往往羞于谈及这些话题，即使到了心理咨询室，有些来访者也还是会由于羞愧而有所保留。

“自主咨询”绕开了事件，关注情绪和躯体，事件的发生或许会受到社会价值的评判，但情绪和躯体感觉是没有那么明确的社会规则被道德标准衡量的，哪怕有些人会因自己情绪失控而感到羞愧或因躯体不良状况而产生病耻感，这些和道德文化准则的评判还是有显著差异的。因此，来访者可以放下普遍道德和文化传统的束缚，在对咨询师的问题和要求做出反应时能够打破防御机制，更开放地体会更真实的自我，克服羞怯感，及时处理自己的困惑和问题，提高心理健康程度。

“自主咨询”不涉及事件，不涉及隐私。就外部角度而言，减少了事件泄露对来访者造成的继发伤害，也消除了来访者咨询之后担心隐私泄露引发的焦虑；就内部角度而言，是在不暴露真实动机的情况下处理了来访者的心理困境，促进来访者的成长。“自主咨询”真正做到了最大限度地保护来访者。

然而，咨询过程不涉及事件的具体经过会面临一个困难——来访者很难发现自己对事件的认知偏差，就难于改变原有认知体系去建立新的认知构架，也就很难从根本上获得成长。

“自主咨询”采用中介物解决了这个困难。中介物代表了整个事件，通过对中介物赋予意义，来访者可以将事件的发生、发展、时间、地点等所有相关信息和细节，作为一个整体处理。虽然来访者保护了隐私没有叙述事件的具体经过，但在“环式问询”的咨询框架下，并没有回避对事件及其影响的处理，也就能够有效解决来访者的负性情绪。

不涉及影响来访者情绪的事件经过，是实现“人人可用，处处可用”的基础，也是实现“极短程”的正规心理咨询方法的核心条件，这也让“时时可用”成为可能。

二、咨询时程极短

通常情况下，每一次常规心理咨询的时间在 50 分钟到 60 分钟之间，首次咨询的时间还要更长一些。“自主咨询”与常规咨询相比每次咨询的时间要短得多，只有一刻钟左右。非专业人士使用时也可以只应用第一阶段——咨询阶段，只需要 5 分钟的时间。由于时程极短，应用“自主咨询”不需要刻意寻找专用时间段，其他条件允许则随时都可以进行，这是一种“时时可用”的科学高效的心理咨询方法。

“自主咨询”时程极短，但并没有因为时间被压缩而影响咨询效果，之所以能做到时程短见效快，取决于其自身问询体系设置的优越性与科学性。首先，“自主咨询”的“环式问询”问题设置聚焦、程式化，直接围绕情绪、引发情绪的认知和与情绪相关的躯体感觉进行，单刀直入，简单直接，省时高效。其次，针对

“认知—情绪—躯体”的循环问询，结构简单、清晰简明。最后，“环式问询”目标准确——解决情绪问题。

“自主咨询”中的 15 分钟分为三个阶段，咨询师与来访者交流的时间只在首尾两个时段，每段 5 分钟左右。

第一个交流时段——咨询阶段，是真正用于咨询师与来访者提问与解答，咨询与改变，帮助来访者解决心理或行为问题的时段，也是运用情绪杠杆帮助来访者改变不合理认知体系，重构合理认知框架的时段。来访者心理变化主要发生在这个阶段，用时约 5 分钟。第二个交流时段——反馈阶段，是来访者和咨询师相互反馈，咨询师引导来访者将咨询成果应用于生活实际，与来访者协商可操作的计划帮助来访者在生活中改变。

在两个时段之间的 5 分钟时间——梳理阶段，用于来访者独自思索和梳理。

15 分钟，对于一次心理咨询来说，时间是非常短的，而在非常短的时间里，用于咨询师与来访者沟通的时间，仅占了总咨询时长的三分之二。在此之前，没有任何一种方法能做到在如此短的时间内如此高效地完成一次完整的心理咨询、巩固咨询成果，并能帮助来访者将咨询成果应用于生活，“自主咨询”实现了这些目标。

正因为“自主咨询”时程极短的特点，它又能使来访者保持注意力的稳定性。

“自主咨询”分为三个时段，每个时段仅 5 分钟，这种一张一弛的设置可以帮助来访者保持注意力的稳定性。通常情况下，人的注意力不能长时间指向和集中于同一事物或活动，注意力是呈周期性变化的，这就是注意力的重要特征——注意力稳定性。注意力稳定性的保持时间受多种因素影响，例如，人的生理状态、情绪状态、兴趣爱好，刺激物的特点，等等。

对于心理咨询而言，来访者是否能将注意力稳定地指向和集中于心理咨询的内容，是直接影响咨询效果的重要因素。来访者通常都或多或少带有负性情绪，这些负性情绪，尤其是高水平的焦虑情绪，往往会导致来访者在很短时间内注意力稳定性发生波动而离开咨询内容。此时，咨询师要及时恰当地引导，使来访者的注意力回到咨询主题。这个过程势必会降低咨询效率，因此，让来访者保持注意力稳定性，聚焦于当下的咨询内容，是咨询师在咨询实践中要关注的重要问题之一，它间接影响了咨询的成败。

“自主咨询”的每个阶段，咨询师都按照咨询结构和问询体系引导来访者，而“自主咨询”的咨询结构和问询体系本身就有帮助来访者聚焦、减少注意力分散的作用。

“自主咨询”的时程极短，即便来访者可能有负性情绪影响注意力稳定性，在很短时间内跟随“环式问询”高度聚焦的问询引导，来访者的注意力稳定性通常也不会被破坏，或被破坏程度较低不足以影响咨询效果。整个咨询结构分成了三个阶段，每个阶段都有不同于上一阶段的任务可以视为新鲜刺激，让来访者不会产生疲惫而使感受性下降，影响咨询效果。

因此来访者在“自主咨询”的这三个阶段，能够始终保持注意力指向并集中于咨询师所提出的问题和要求，配合咨询师做出相应的反应，获得良好而高效的咨询成果。

“自主咨询”时程极短，必然有一定的局限，但也同样让它具有相应的优势，能够良好地保持注意力稳定性就是短时程的优点之一。

“自主咨询”以极短时程完成一个完整的心理咨询，这是它独有的特点，也是它能够成功的原因之一。

三、全民适用

“自主咨询”是一种科学的正规的心理咨询方法，是一种可以由非专业人员使用的专业咨询方法。

“自主咨询”创建之初就定位为“人人可用”，即非专业人员也可以使用的心理咨询方法，因此，在它创立的过程中，经过反复论证和试验，建立了可以供非心理咨询专业人员使用的问询结构。可以说，“自主咨询”是为心理咨询师创立的方法，更是为非心理咨询专业的普通大众创立的方法，它的特点决定了它的使用者不需要经过复杂的培训，不需要心理咨询专业基础就可以应用。

（一）问询体系标准化

“自主咨询”为个体咨询编制了标准化的问询体系，为团体咨询编制了固定的指导语。专业心理咨询师可以根据来访者的具体情况，按照一定顺序有弹性地使用“环式问询”和团体指导语，而非专业心理咨询者在应用“自主咨询”时，只需要按固定顺序引导来访者完成“环式问询”的每一个问题或要求，就能够做到帮助来访者解决生活琐事引起的小的负性情绪问题。

通常，心理咨询会面对不同来访者，解决不同的问题，处理千变万化的心理状态。心理咨询师需立足于心理科学，依从心理发生发展规律，做出随机应变的反应，因此，任何一种心理咨询方法都没有标准顺序的问询体系。

“自主咨询”的问询系统对来访者提出的问题和要求，顺序是固定的，这是为非心理咨询专业人员使用而特别设计的。由于“自主咨询”创立之初就是要应用于全民，随时解决普通大众出现的小的负性情绪，提高全民心理健康水平，这就要求它能够被大多数没有心理学专业背景和心理咨询专业技能的人使用。

要想让每个人都能应用，唯一方法就是标准化。心理咨询不是机械车床，不是电脑程序，它的工作对象是人，是受复杂因素影响，又有多变反应模式的人的心理现象和心理过程，想要做到“标准化”是非常困难的。

在“自主咨询”创建过程中做了很多尝试，在基本不影响咨询效果的前提下，反复验证心理咨询方法标准化的可行性，最终确定了“自主咨询”特有的以“环式问询”为基础的问询语言，并以此为基础，标准化了问询体系，让每个普通人可以成为心理咨询者，不仅可以帮助别人，也可以帮助自己。“自主咨询”作为一种科学方法可以应用在心理咨询室之外，可以应用在心理咨询师群体之外，让在普通大众心里依然有些神秘而陌生的心理咨询走出心理咨询室，离开心理咨询师，让“生活琐事”解决起来简单化——随时可能发生，随时可以解决。

“自主咨询”经过标准化固定顺序的问询体系不但不影响它的使用效果，还能增加来访者的依从性，帮助来访者更好地解决心理问题，脱离心理困境。

问询体系顺序的固定，是具有历史意义的创造，它让“自主咨询”成为“人人可用的心理咨询方法”这个宏伟而又朴实的目标的实现具有现实性和可操作性。

（二）原理浅显易懂

由于“自主咨询”用时非常短，只有常规咨询的四分之一，甚至非专业人士或在咨询室以外的环境使用时，也可以只进行第一阶段即用 5 分钟左右时间完成，这使得它的作用原理很容易受到质疑，也会导致人们在使用它的时候缺乏信心。其实“自主咨询”虽然用时很短，自身却有强大而坚实的理论体系，是建立在多种理论原理和方法原理基础上的一种应用简单、原理复杂的科学方法。

如何让绝大多数人不需要付出很多的时间系统地学习“自主咨询”的理论体系，又能了解它的作用原理，应用它的时候更信任、更坚定，也更有信心？对于普通大众而言，复杂、庞大、抽象的理论体系，记不住也难于理解，更没有耐心和时间去详细了解，也根本没有必要去细致了解一种心理咨询方法的理论基础，只要知道什么情况下用、怎么用就可以了。这就需要将它的作用原理简化，让大众听得懂、记得住、说得出。至于是怎么起作用的，人们只需知道最简单的原理，越是简单越容易被接受，也越容易被传播、越能惠及更多人。

最终，“自主咨询”的原理被浓缩为简单易懂而又高度概括的一句话：情绪调节心理，用情绪杠杆调节认知—情绪—躯体—行为的心理体系。当人们运用“自主咨询”解决心理问题时，可能会受到质疑：这么短的时间，还能对心理问题进行干预，又不是专业心理咨询人员，这是不是骗人的把戏？咨询者面对这样的怀疑，可以明确地告诉来访者：这不是骗人的把戏，“自主咨询”是科学的心理咨询方法，它有科学的理论体系，简要地说，就是：情绪杠杆对心理体系的调节作用。对于非心理咨询专业人士来说，这句话很容易理解和记忆。

时间短，形式简单，并不意味着内容敷衍。“自主咨询”的一切简约和概括，都是有理论依据并经过科学方法检验的，而简约和概括的目的只有一个，就是如何更好地供全民使用，造福大众。

（三）便于记忆和使用

无论是应用于个体咨询还是团体咨询，“自主咨询”的问询结构都非常简单。三个咨询阶段中重点是第一阶段——咨询阶段。这个阶段的问询语言内容简单，由十几个问句构成的问询模式，而这个问询体系的顺序又是固定的，并且有着紧密的前后逻辑关系，很容易记忆。

在这个简单的问询体系中，由于“环式问询”体系的应用，使得有些问句在前面问到了，后面又重复出现。在心理干预的过程中，这个重复出现是有重要意义的，我们将在下一章详细阐述它的作用，但是就记忆和使用角度而言，这种重复降低了记忆和使用难度，为更广泛地被普通大众从容使用提供了更大的便利。

虽然“自主咨询”是非常科学严谨的心理咨询方法，但是它所使用的问询语言都是日常口语，没有任何难于理解的心理学专有名词。一种方法使用什么语言，是影响它被什么人使用、被多大范围使用的重要因素。“阳春白雪，下里巴人”，“自主咨询”的标准化问句中没有一个需要解析的步骤和词汇，完全用口语化的咨询语言建立结构体系和问询模式，让应用的人，无论是咨询者还是来访者，都能非常直观地理解它的问句的含义和询问的意图，不会产生含糊不清的理解偏差造成误解和歧义，影响咨询效果。口语化也让使用者可以不受教育水平、背景专业、地域文化等的限制，真的做到“全民适用”——人人可用、人人能用、人人会用，做到可以最大限度地被使用，让最广泛人群受益。

“自主咨询”问询模式被标准化，因而具有结构简单、语句重复、口语化等特点，使它便于记忆和应用，决定了它能够更容易被大众接受和交流，能够快速而广泛地被传播和使用。甚至一些体验过“自主咨询”的来访者，在咨询结束后，就已经学会了这个方法，能够应用到自己的生活中了，帮助自己和他人解决生活琐事带来的小情绪。

（四）使用者不受心理学背景的限制

由于人的心理现象的复杂性，心理咨询通常都要由受过专业训练的心理咨询师来实行。但“自主咨询”打破了这种局限性，使用者不需要投入大量的时间学习，也不需要接受复杂的培训和练习，只要记住问询模式就可以在日常生活中帮助别人解决小情绪的问题。

“自主咨询”的使用者不需要复杂培训就可以应用，是因为“自主咨询”本身的适用性。它的问询体系标准化，每个人都使用相同的方式，因而没有心理学基础和心理咨询基础也不影响咨询过程中的问询。也就是说，咨询者的问询，不受来访者的反应差异的影响，无论来访者如何反应，下一个问句都是相同的。因而，即使没有心理学和心理咨询背景的人也可以按照标准化的程序完成咨询过程。

“自主咨询”整个咨询过程并不依赖于咨询师的反应和判断，而是基于固定的“环式问询”方式，其中每一个问题或要求都有其心理干预目标，问题的衔接和循环，也是经过精心设计和论证的，帮助来访者不断探索和成长。因而，对来访者起到干预作用的不是咨询者，而是“自主咨询”的问询体系本身。

所以，无论是什么人使用“自主咨询”，也无论咨询者有没有心理学背景，只要按照“自主咨询”基本的问询体系操作，就会将来访者的思维限制在相应的范围内，使他能够紧紧跟随咨询者的问题去体会和思考，产生良好的咨询效果。

“自主咨询”降低了使用者的门槛，也不受心理咨询师背景的限制，可以得到更广泛地应用，有望因此而提高全民心理健康水平。

（五）不受咨访关系的限制

咨询关系中很忌讳的一件事就是形成多重（包括双重）关系。常规心理咨询中的多重关系不但对来访者造成伤害，而且也会伤害咨询师。因为多重关系可能导致来访者隐私的泄露；可能导致来访者担心隐私泄露而感到焦虑和恐惧；可能导致由于咨询的事件影响咨询师和来访者之间其他关系的不稳定和不和谐；可能由于来访者对咨询师多重身份的顾虑表现出不真实的反应，等等，这些不仅影响咨询效果，还会造成咨访关系紧张。多重关系对咨询师也会造成同样的伤害，避免多重关系是对来访者的保护，更是对咨询师的保护。因而在建立常规心理咨询关系时，就要尽量避免多重关系，必要时要中止心理咨询或转介给其他咨询师。

由于“自主咨询”的咨询过程不谈及事件经过和细节，只关注事件引起的情绪和躯体感觉，因而也就几乎不涉及来访者的隐私。情绪和躯体感觉的不稳定性是普遍的，不具有针对事件的特异性，这让来访者和咨询师都处在心理安全区。当来访者在不再担心隐私泄露的情况下，表达情绪和躯体的不良感觉时，就不再对扮演“来访者”和“咨询师”角色的人具有潜在的危害。因而即便是亲朋好友、同事同学、上下级关系也可以使用“自主咨询”，成为“咨询师”和“来访者”的角色。当然，陌生人之间也可以应用。

“自主咨询”让心理咨询可以在更广泛的人际关系中被使用，不受咨访双方多重关系的限制。

（六）不受咨询环境的限制

通常情况下，常规心理咨询要在专业的心理机构进行，咨询师不在咨询室以外的环境进行咨询。这既是对咨询师的保护，也是维护来访者的利益。

“自主咨询”可以由专业心理咨询人员在专业的心理咨询机构进行，也可以在专业心理咨询机构以外，不影响正常交流的任何环境进行，不受特定咨询环境的限制。不提及隐私，不涉及事件细节，不必担心隐私泄露对来访者造成继发性伤害，因而对环境也就不再有特殊要求。

“自主咨询”重要的是便利性和及时性，让人们可以及时处理由生活琐事引起的小情绪，不再积累起来成为“被捆绑的火山”。生活事件随时可能发生，人们为这些小的生活事件和小情绪而去找到心理咨询师做专业的心理咨询的可能性相对较低，而随时在亲朋好友中寻求帮助的可能性要高得多，或者人们也可能自己采用一些心理策略解决问题。

“自主咨询”就是这样一种随时随地可由非专业心理咨询师使用的科学的心理咨询方法，可以说是“处处可用”，咨询环境可以不必具有私密性，只要咨询者和来访者都感到方便，在不影响“自主咨询”发挥作用，不影响咨询效果的情况下，街头巷尾、田间地头、轮渡码头、机场车站，随时随地都可以使用。只要避免在给人造成不适感的巨大噪音、异味、寒冷或高温、强光或闪烁等场所，一般的环境中都可以进行。当然，相对安静舒适的环境咨询效果更好。

（七）不受国籍、文化及社会背景的限制

“自主咨询”对中介物种类的选择不拘一格，没有任何硬性规定，只要符合“自主咨询”的基本要求即可。来访者可以根据自身的特点和客观条件以及“自主咨询”的要求（“自主咨询”对中介物的要求将在下一章介绍），选择自己认为恰当的中介物。“自主咨询”的这个特点打破了常规心理咨询方法及用具使用时对文化、社会和宗教等的限制，使用者可以自己决定以哪种事物作为中介物，它可以来自非洲部落，也可以来自罗马教廷，甚至可以在每一次咨询中使用不同的中介物，只要它符合“自主咨询”对中介物的要求，使用者对此完全是“自主的”。在不同的文化群体使用时，人们对不同中介物的反应可以千差万别的，但在每个文化群体内部，却可能是非常相似的。

由于“自主咨询”完全由来访者自主完成，是以来访者本人对问题的解答和反应作为推动咨询的动力，是一种“自主”的心理咨询方式，是在来访者自己的文化和社会认知范畴内完成。在“自主咨询”中，心理咨询师只是起到了引导提问的作用，真正

起到实际干预作用的是“环式问询”体系，而“环式问询”体系是中性的，没有任何文化社会影响力。每个使用者（来访者）使用“自主咨询”都只在自己语言、文化、社会、宗教等背景的影响下做出反应，这些反应只与使用者（来访者）自己有关，而与包括咨询师在内的其他因素无关。所以它可以由更广泛的人群在各自的社会认知体系内使用，不受国籍、语言、文化、风俗、宗教等社会因素的限制，可以让“自主咨询”被最广泛的人群使用，最大限度地给人们提供帮助。

“自主咨询”本身就是为让心理咨询走出咨询室而创立的，它的所有结构原理和问询模式都指向如何让普通大众更容易更有效地使用。它的独特特点主要体现在普适性，是迄今为止真正做到最大限度地保护来访者隐私的心理咨询法，而且用时极短，效率很高，广泛普及，全民适用，不受社会文化、专业能力、时间地点限制。

同时，它也是一种科学独立的心理咨询方法，它有较为完善的结构框架和问询体系，有独立的思想理论并受到经典心理学理论的支持，这些将在接下来的章节展开论述。

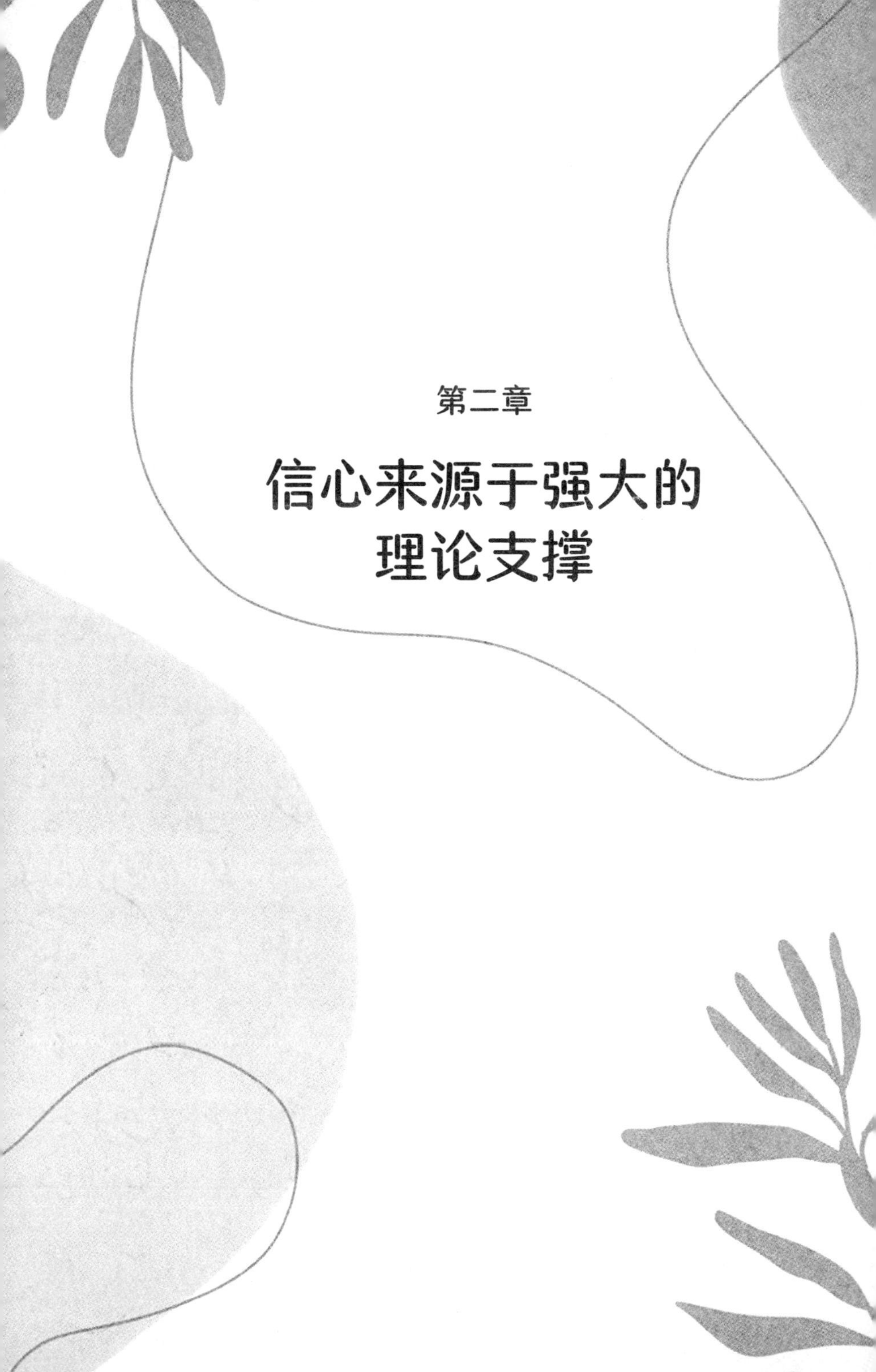

第二章

信心来源于强大的理论支撑

“自主咨询”作为一种定位于“服务全民，全民适用”的心理咨询方法，无疑是非常成功的。它的成功一方面源于科学完善的问询体系，另一方面就是它有强大的理论支撑。

任何一种心理咨询方法，如果没有理论支撑，那便成了神乎其神、玄乎其玄的东西，没有说服力，也经不起验证。心理咨询是科学而不是迷信，“自主咨询”纵使短小精悍却高效普适，恰恰体现着心理科学的光辉。

第一节 “自主咨询”的核心理论

“自主咨询”的核心理论是：“情绪在认知、情绪、身体感觉和行为等构成的心理系统中，起到杠杆和中间变量的作用。调节情绪，能够带动认知、躯体感知觉以及相关心理因素的改变，促进行为的改变，提高人们的心理健康水平。对日常生活琐事引起的小情绪进行干预，可以减少或减轻相关的负性或不良结果。”

本书中，情绪的含义参考了以下观点及学说。

美国心理学家德莱弗（Drever）编写的《心理学辞典》：情绪是有机体的一种复杂状态，涉及身体各部分发生的变化；在心理上，它伴随着强烈的情感及想以某种特定方式去行动的冲动。

德国心理学《迈尔大辞典》：情绪被定义为“情感的波动”及“心灵的激动”。

美国心理学者威斯汀（Westen）认为：情绪是指人依现象世界的变化而产生的某种改变，此种改变包括三大领域，一为生理的，如心跳加快、冒冷汗、麻痹、体温上升；二为主体经验的，如快乐、悲伤、生气、厌恶；三为行为及情绪表达，如脸部表情、手势、动作行为。情绪可分为正面（如快乐）和负面（如悲伤）两大类。

普通心理学：情绪是指人对认知内容的特殊态度，是以个体的愿望和需要为中介的一种心理活动。

人们常常对发生在自己身上的生理伤害更为重视，往往会忽视一些心理伤害。大多数人都有为自己身体的小伤口贴上创可贴的经验，却很少有人为自己情绪的小伤口贴上“创可贴”。人们很容易想到保护自己身体的小伤口，却想不起或许也不知道如何保护自己心理的小伤口。比如，修改了三个月的设计方案最终被弃用的挫败，“女友结婚了，新郎不是我”的失落，离开家独自求学的孤独，甚至是路上塞车导致迟到带来的焦虑，等等，这些在大多数人眼中看起来似乎并不是重大打击，但它们就像小伤口一样，虽不致命却有潜在的影响。

对于大部分人来说，生活琐事引起的负性情绪似乎没有重大到足以改变正常生活、工作和学习的程度，但这些小的负性情绪如果没有被及时处理，就会产生很多潜在的间接的影响。比如，修改了多次的方案最终被弃用，可能让人感到沮丧，产生“自己不行”的负面认知。而这些情绪和认知又可能引起“蝴蝶效应”波及工作和生活的其他方面，多方面负性情绪和认知累加让人感到越来越压抑或焦虑。有些人还会感到没有器质性改变的心律不齐、后背疼痛或者其他身体部位不适、疼痛。还有些人甚至因为这些小情绪的影响难以克制自己的冲动行为，严重的还可能因此和其他人发生肢体冲突或自伤等行为。

一个小伤口，如果不及时处理，随着时间的推移，它或许会自愈，但也可能会感染，甚至变成致命伤病的诱发因素。

及时为这些引起负性情绪的心理小伤口贴上“创可贴”是十分必要的，这个心灵的创可贴贴在了有伤口的地方，周围的红肿疼痛自然就会消失，也大大降低了潜在的患病风险。生活琐事引起的各种负性情绪和认知，就像是心理的小伤口，而“自主咨询”就是防止这些小伤口发展成重大疾病的心理创可贴。

“自主咨询”的理论体系认为，人们的大部分心理问题是因为小的负性情绪没有得到及时处理，在生活中逐渐积累并影响了认知结构、情绪体验、生理健康、行为模式等。如果能及时面对、积极处理这些小情绪，就可以减少负性心理问题的出现，提高生活质量。

“自主咨询”是针对小情绪的心理咨询方法，不聚焦于引发情绪的事件本身，就如同创可贴的作用是让小伤口愈合，而不追究造成伤口的是小刀划伤还是墙壁擦伤。引起负性情绪的事件通常是中性的，之所以引起负性情绪，是因为认知的影响，因此，不追究事件经过，直接解决小伤口——小情绪，是处理生活琐事引起的心理问题的捷径。

“自主咨询”核心目标是处理负性情绪，发挥情绪的杠杆作用，运用情绪、认知、躯体、行为相互影响的规律，带动认知、感知觉、行为等发生改变。小情绪消失，伤口愈合，与之相关的其他因素引起的不适感自然消失。情绪作为杠杆，影响了多个因素，也是多个因素联动的中间变量，可以通过调节情绪改变和平衡其他因素。

“自主咨询”的思想观念也涉及行为，行为习惯的养成和改变能够促进思维习惯的构建和改组。行为和认知相互影响，认知影响行为，同样，行为也影响认知，良好的行为习惯的养成能够促进负性认知的松动和良性认知的建立。

第二节 “自主咨询”的思想基础

“自主咨询”作为一种心理咨询方法，能够做到短程而高效，在心理干预方面有其独有的思想基础。

一、不聚焦于事件，聚焦于情绪

经过对社会现象的充分研究，“自主咨询”形成之初服务方向就定为“针对生活琐事引起的小的负性情绪的心理咨询方法”。在研究过程中，经过反复的理论研究和实践检验，证实了不聚焦于事件本身是可行的、有效的、建设性的。事件本身是中性的，来访者对事件赋予了意义，才使事件被描述成正性或负性的。“小事件、生活琐事”的具体经过和细节并不会对来访者的生活造成重大影响，对这些经过和细节的干预也不影响心理咨询效果，因而完全可以把与事件相关的各个因素当成一个整体、一个事物来处理。来访者不再执着于事件的具体经过直接聚焦于自己的情绪，对于“生活小事和琐事”而言，是一种“直击靶心”的心理咨询。

发挥情绪的杠杆作用，聚焦于情绪，通过调整负性情绪达到解构不合理认知、松动核心理念的目的，进而改善躯体感觉、改变行为模式等。认知、感知觉、行为等，都与情绪关联，将情绪作为杠杆，去撬动其他任何一个因素都是可行的；情绪作为心理咨询的核心和关键，成为改变其他心理因素的枢机和纽带也是最为有效的。“自主咨询”去掉对事件的回顾和描述，直接聚焦情绪，影响多种心理因素。

二、利用中介物，让潜意识意识化

中介物的使用，是“自主咨询”能够成功的重要因素之一，它能帮助来访者借助实物将意识之下的心理状态和反应意识化，以便来访者能够对其进行加工和改造。

中介物的使用有两方面的思考，一是替代化，二是意识化。

替代化是“不叙述事件经过”的需要。由于在“自主咨询”中，没有给来访者叙述事件经过的时间，但来访者认为“心理不适恰恰是由事件引起的，需要解决的是事件”，为了让来访者有的放矢地应对“不叙述”和“要解决”之间的矛盾，就需要有一个可以替代事件经过、事件细节以及事件其他各个要素的事物，以便来访者在不叙述事件的情况下对“事件”进行处理。替代物作为一个整体，代表了事件的所有构成要素。

意识化是事件全面处理和深入的需要。人们对事件产生的情绪除了受到可意识到的认知影响也受潜意识的认知影响。中介物的作用是帮助来访者在“猜测”和“意义化”等过程中将自己没有意识到的情绪和认知等投射在中介物上，以此自我发现、自我觉知。中介物是具体事物，为来访者将潜意识意识化提供了刺激和情境，来访者在不同的心理状态下表现出不同的反应。“自主咨询”通过引导来访者对这些反应进行体验和反思，达到潜意识意识化的目的，以便对其加工和调整。

因此，中介物需要有以下特点。

1. 具有一定的含义

这个含义是针对来访者而言，如果来访者认为他能够为几块鹅卵石赋予意义，那么鹅卵石就可以作为中介物。但通常在咨询中使用的中介物应该是来访者所处的文化体系中尽量能够被广泛大众接受的文化产品，例如扑克牌、文字、字母、象棋、军旗等。如果咨询师和来访者的文化体系有差异，应尽量选择两者能共同接受的文化产品，如果只能选择一方，则应以来访者为中心。

2. 可翻转或可改变

尽量使用可翻转或者可改变的事物作为中介物，也就是有正反面，例如扑克牌、象棋、英文字母卡片等等，或者有变化的空间，例如一本书中的文字。由于“自主咨询”时程极短，这种翻转或变化是在极短时间内刺激来访者思维的重要策略，也是“环式问询”框架下的问询体系的组成部分，因而“可翻转或改变”是一件物品能否成为中介物的必要条件，如果不可翻转或改变则不能作为中介物使用。前面提到的鹅卵石，如果正反面有不同花纹，就视为可以翻转。

3．需达到一定数量

为来访者提供的中介物通常只有一种，但数量和内容不能独个或单一。例如，只为来访者提供了扑克牌这一种中介物，但每副扑克中有 54 种不同的牌面，来访者就可以有 54 种可选择的代表可以作为加工对象。数量和花色越多，提供的思考空间越广泛，可以对事件赋予更丰富的意义，以便更接近来访者的实际感受。再如，鹅卵石的花纹可以千变万化；一本书中可以有很多文字；字母卡有大小写，放置时有正倒方向变化等等。

4．容易取材

“自主咨询”，不仅帮助来访者在咨询室中解决眼前的问题，还能帮助来访者在生活中解决可能出现的小情绪。因此，中介物不能是稀有罕见的材料，而应当是容易获得的产品。

容易取材还有一方面的意义就是将咨询室中的咨询成果推广到生活中。因为“自主咨询”用时很短，来访者缺少将咨询成果充分内化的时间，如果在咨询室中使用的材料过于罕见，就会产生独特感，增加咨询结果的特异性，降低普适性。使用容易取材的中介物包含了一种暗示——这种方法和取得的成果可以在生活中经常出现，并不罕见。

5．在不同文化背景中应用时，要注意该文化传承中是否有禁忌

例如，基督教文化中对蛇赋予了负性含义，咨询师在准备材料的时候，就不宜使用包含蛇形图案作的中介物，否则，可能会影响来访者的主观感受，影响咨询效果。此外，关注到文化禁忌也

是咨询师和来访者之间建立良好咨访关系的基础，这些细节会让来访者感到被尊重或被冒犯，即便他没有明确表达出来，也会在咨询过程或结果中体现。如果咨询师了解到咨询室中常用的中介物恰好涉及来访者的一些禁忌，咨询师应该避讳，及时更换中介物。

6．要和来访者的工作、学习和生活环境没有对应关系

例如来访者是一名职业军人就不宜使用军棋作为中介物，因为中介物中的角色可以直接对应着他认识的某个人，中介物就失去了指代事件的作用，而变成了来访者认识的具体人。此时对中介物的任何处理，在来访者的意识或潜意识中都可能受到具体人的影响，造成咨询结果不真实。

三、绕开事件经过，关注自我体验

“自主咨询”的问询过程自始至终不局限于事件的具体经过和细节，而更多地关注自我——自我情绪、自我认知、自我躯体。事件是中性的，本身没有评价性，而人们从自我角度出发对事件赋予意义，也就有了对事件的评价和“在事件影响下”的情绪、躯体感知觉、行为等。来访者局限于事件的经过和细节时会出现注意狭窄，而忽视事件发生的当下和发生之后的自我因素和自我影响。

离开事件，关注到自我，包括自我对事件的影响，也包括事件发生之后各个方面的自我体验和变化。这些影响和变化是相互作用的，在不同事件中也总是循环发生。当来访者脱离注意狭窄状态去审视影响事件的各种因素，才会发现自我对事件的影响，进而发现“认知—情绪—躯体—行为”模式的“循环”存在。离开事件关注自我，体验自我的作用，通过调整自我改变对事件的评估，进而打破固有“循环”模式，形成评估和处理事件的良性体系，不再受困于事件的具体细节。

四、改变视角，多维评估

“自主咨询”帮助来访者关注自我、自我探索，还要求来访者脱离自我，以时间和空间维度重新思索事件，以旁观者的角度看待事件、世界和自我的关系。在两次解析空间结构，进行命名的时候，就是在以旁观者角度看事件，目光从紧盯事件的具体细节扩展到更广阔的时空中与事件相关的各种因素。

当来访者的思维局限于事件经过的细节和具体过程时，很难看到时间和空间维度，来访者自己始终是事件中的一个角色，看待事件的角度也比较单一。

当用“中介物”替代整体事件，来访者的角色就可以脱离事件本身，不再是事件的构成元素或参与者，而作为一个旁观者观察事件，也就可以看到事件之外更广阔的世界，就有空间和时间维度。身处其中对事件的思考是“内部思考”，即便有时空维度也离不开事件本身；若从旁观者角度进行“外部思考”，在空间维度可以探索事件与世界和自我的关系，在时间维度可以评估事件对来访者生活和生命历程的影响程度和持续性。

视角改变，来访者的思维也随之改变，从聚焦于事件各个细节的一个个点，发展为对多维空间的探索与思考。

五、改变行为习惯，促进思维改变

“自主咨询”虽然时程短，但十分注重咨询效果的强化和实际应用，“一刻钟”之中有三分之二的时间用于强化和巩固成果。“自主咨询”不惜大量时间和策略通过多个步骤和方法，及时巩固咨询中情绪调整和认知重组的结果，就是为了提高来访者在生活中应用巩固后的情绪管理和认知模式的能力。能应用于生活的咨询成果才更有实际意义，能促进来访者在实际生活中发生改变的心理咨询方法，才是实用的、有价值的、可推广的方法。

“自主咨询”还主张“行为习惯的养成可以促进思维习惯的养成”。通过“作业”的形式给来访者布置行为习惯方面的任务，以便咨询成果能在生活中得到强化，更重要的是能在生活中应用。来访者在离开咨询室时，新思维模式和认知体系还很容易消退，行为习惯的养成可以促进思维习惯的进一步建立和固化，帮助来访者在遇到类似事件时回忆和使用这些思维和认知模式。如果来访者在离开咨询室后，使用咨询成果成为一种无意识行为，就是最理想的心理咨询。

六、“环式问询”体系

关于“环式问询”体系的相关内容已经在前一章节介绍，不复赘述，在此只作为“自主咨询”基础思想的特点之一加以说明。“环式问询”体系是“自主咨询”独具特色的心理问询体系，它是以“来访者在咨询过程中不同时间段的不同情感体验和认知结构”为变量的重复提问——也就是问题相同情境不同——不同情绪和认知情况下的相同问询的刺激，促进来访者不断循环思考，深度探索。

任何一种心理咨询方法都必须有其思想基础和理论基础，“自主咨询”独立的思想体系使这种方法成为一种独立的心理咨询方法。

此外，“自主咨询”的思想理论与方法结构也从经典心理学理论和方法中获得支持。

第三节　来自经典心理学理论的支撑

“自主咨询”的时程很短，临床有效性很高，这与它来自实践经验有关，同时，它也有坚实的理论依据，有明确的心理学原理。它综合了以下几种心理学理论：人本主义心理学、心理动力学、认知心理学、行为主义心理学、情绪认知心理学、健康心理学，等等。

一、人本主义心理学理论的支撑

（一）“自主咨询”立足于人的主观能动性

人本主义心理学认为：人具有自我改变、自我发展的能动性，具有自我实现的潜能。人本主义还认为，当人们当下的需求得到满足之后，还会产生新的需求，并积极寻求发展，自我完善。这种追求自我完善的动力会始终指向让需求得以实现的方向，除非遇到困难，阻碍了自我发展。

来访者具有自我改变的动机，这来自人的自我成长的需要。行为源于动机，而动机源于需要，来访者在实现动机的需要中产生行为，来到咨询室解决阻碍他实现需要的问题。

来访者的需要和动机决定了他在心理咨询过程中期待良性成果，并会积极作为，跟随“环式问询”的引导，不断自我探索发挥潜能，自我突破，从旧情绪和认知的桎梏中解脱，产生新的情绪管理体系和认知结构，重塑内在自我，实现自我成长。

“自主咨询”的过程是动态的过程，“环式问询”的引导是给了来访者一个前进的外部动力，来访者的自我能动性、自我实现的动机是他改变的内部动力。外部动力如同在蚕茧上锉开一个小口仅仅是一个助力，而看似平静的问答之间发生的改变却是由于来访者强大的内部动力推动了思维的突破，就好像一枚蚕茧内部发生了质的改变。在内部动力和外部动力联合作用下，来访者的思维模式如同破茧成蝶，从形式到实质都得到升华，对具体事件的负性情绪和不合理认知被新的合理情绪管理模式和核心思维模式取代。“环式问询”的引领是“破旧”，来访者的内在思维转变是“立新”，是建立适应性的认知体系形成情绪体验。

“一破一立”体现的正是人本主义心理学的理论，而“自主咨询”有充分的信心，能够以极短的时间解决来访者的负性情绪，也恰恰是立足于来访者具有自我实现的能动性。

当人们遇到生活事件产生负性情绪时，自我发展自我完善的目标受到阻碍，就会发挥主观能动性自我改变，因而会做出主动行为。在“环式问询”中，来访者事实上多次循环思考了相同的问题，由于每次都期待自我突破，因此每次都会主动寻求新的认知和情绪体验以及不同于前次的躯体感受。这种求“新”求

“异”的需要是在自我发展受阻时的自我突破，是寻找新的途径以便继续实现自我发展和完善的需要。“环式问询”的设置就是以此为理论基础，立足于人的自我改变的能力，体现出了人具有自我发展的能动性、积极性。当面对自我发展的阻碍，自我实现的潜能可以发挥主动性促进人的自我突破和自我改变。

“自主咨询”是真正以人为本的咨询方法之一，除了以上提到的人的主观能动性，还有很多观点都与人本主义心理学的观点相契合。如人本主义心理学主张主客观统一，突出人的主体和主观作用也是对“自主咨询”思想体系的有力支持，这一点在“自主咨询”的咨询过程中多有体现。

（二）主客观统一的观点是“自主咨询”中使用中介物的理论依据之一

几乎所有心理学理论都认同人具有生物属性和社会属性，社会属性的差异是人与动物的最重要差别之一。“有一千个读者就有一千个哈姆雷特”，这正是人的社会属性差异性的体现。由于每个人的社会属性的差异形成了不同的主观观念，同一件事物由不同的人做出判断和解析，就有了不同的含义。“自主咨询”在第一咨询阶段短短的 5 分钟内，充分发挥人的主观观念和主体作用，让来访者成为再创造“哈姆雷特”的读者，以个人的主观视角定义中介物的含义。

“自主咨询”的整个过程，都是咨询师引导来访者主观发生作用，但并不意味着无视客观存在，在来访者以主观思维诠释中介物的时候，已经和客观存在发生了联系，统一了主客观之间的关系。“自主咨询”运用的中介物本身是客观存在，它具有一定图案，在不同的文化和规则中可以表达一定的含义，是一种可以具有指代功能的符号。来访者对它的解析和诠释，是在来访者主观思想、主观判断和客观的文化和社会存续综合基础上的主观反应。“一千个哈姆雷特”也仅仅是一千个“哈姆雷特”，不会变成一千个“麦克白”。“自主咨询”的主观性是建立在客观基础上的，是主客观统一的。

“自主咨询”使用的中介物都是在一种文化和社会环境中常见的、容易被理解和赋予意义的，例如扑克牌。扑克牌本身是一种客观存在，在不同文化中可以有不同的意义，这也可以被看作一种客观影响。例如中国文化中的“红桃 6”可能通常被理解为积极的，因为在中国文化中“红色”、“心形”和“6”可能会被赋予积极意义；而在犹太文化和基督宗教文化中“红色”和“心形”可能被赋予积极意义，但“6”可能被赋予消极意义。扑克牌作为一种游戏道具是一种客观存在，在不同文化和社会背景中有可能被赋予意义——无论积极或消极，也体现了一定的客观性。但来访者在对中介物赋予意义的时候，却充分体现了主客观统一的思想。来访者在一定的文化和社会环境中受到这些客观因素的影响，同时他对某一中介物的理解也有自己的主观思想和判断。来访者在对符号赋予意义、进行描述时可以和自己所在的文化和社会较多人持有的观念完全相同，也可以有巨大差异，客观环境和来访者本人对这张扑克牌的主观理解在此合二为一表现出统一性。

同时，还必须注意的是，中介物不仅仅是一种游戏、文化符号，它在“自主咨询”中具有替代具体事件的作用。因而，来访者对中介物的理解不仅取决于来访者所在的文化和社会环境。来访者对中介物的认知和主观体验，还受到中介物所指代的具体事件的性质，以及来访者对事件的情绪和认知经验等等的影响。这些因素都是非常主观的、由来访者个人决定的，也约束着来访者对中介物赋予意义时的思考和判断。

中介物、事件、文化和社会环境是客观的，来访者的认知和体验是主观的。“自主咨询”虽然突显人的主体和主观特点，但并不脱离客观事实。来访者对中介物赋予意义的过程，不是天马行空、无所依从的，这个过程体现着主客观统一的思想。

“自主咨询”的人本主义心理学理论观点，最主要表现在对来访者的调动。“自主咨询”全程都依赖来访者的内部动力和自我成长的能力，是以来访者为主体的、充分体现了来访者自我价值，对来访者给予最大的尊重和信任的心理咨询方法。

二、心理动力学理论的支撑

“自主咨询”无论是核心理念还是咨询技术，都体现了心理动力学理论。

心理动力学也叫精神动力学或精神分析学。一些心理学家在弗洛伊德精神分析基础上向新的方向上发展了心理动力学模型，但经典精神分析的基本精髓仍然是新精神分析和心理动力学各个流派的共同理论基础，例如意识与潜意识理论、人格结构理论、防御机制理论等。虽然在现阶段快节奏的生活中长程心理动力学疗法应用逐渐减少，但是它的理论在心理咨询的很多方面都是非常具有借鉴意义的，同时，人们也在将心理动力学疗法逐渐短程化，以更适应时代的需求。

“自主咨询”也借鉴了心理动力学经典理论，作为基本理论与咨询实践的指导。

（一）将无意识或潜意识意识化

心理动力学中意识主要指能够被觉察到的人的心理活动，包括情感、观念、意向等。事实上，我们的心理活动的内容可以被意识到的部分只是冰山一角，更多的是我们意识之下的潜意识，也就是无意识。潜意识，顾名思义，是不能被觉察的、潜伏的，甚至是压抑的思想、观念、感觉、情绪等等。

心理动力学的人格结构理论将人格分为本我、自我和超我。当人们的“超我”过强，压抑了“本我”需求，也就是道德标准过高，压抑了本能需求，遵循现实原则的“自我”调控失衡，就会产生冲突。这些通常都在潜意识中进行。

这种情况下，人们常常会出现防御机制，例如压抑、转化、投射等等。

“自主咨询”中，中介物的运用、情绪与躯体感觉之间的联系等等，都是基于心理动力学理论，将潜意识意识化。

潜意识中的信息对来访者核心理念的影响力量非常重大，而它们又在意识之下，很难被处理和加工，更不容易改变。因此，要动摇来访者的核心理念，可以先从影响核心理念的潜意识中的信息入手，使之变得可意识、可感知，才能加工和改变。

“自主咨询”以中介物为载体，运用心理动力学投射的原理，将压抑了的潜意识的相关信息投射到可意识、可操作、可加工的实物上。无意识的信息是不可加工的，而中介物作为一个实实在在的物体，是看得见、摸得着的，是可意识、可感觉、可描述、可加工、可改变的。当无意识中的信息借用中介物意识化之后，来访者就有了对其觉察的能力，就可以被处理和改变了。

当来访者的心理活动受到意识影响，他明确地知道“我此时的情绪和某个事件有关”，但来访者往往不知道自己的心理和行为也受到潜意识的影响，“我对这个事件的某些认知影响我的情绪”“我的认知受到我以往经验、对事件的一贯态度、对自我的认知等的影响”等等，不一而足。这就是一件事发生后引起来访者心理变化的因素之一——意识和潜意识。“自主咨询”用中介物代替事件，来访者在对中介物进行加工的同时，也是在对事件发生、发展和评估过程中来访者意识和潜意识都参与的、事件的整个过程进行了加工。也就是说，中介物替代了事件，它包含了与事件相关的可意识的所有过程和元素，以及来访者没有意识到的、潜意识中的与事件各个方面相关的因素。当来访者对这个替代了事件所有方面作为一个整体出现的中介物进行加工时，加工的内容包含了来访者潜意识的部分，潜意识对事件有影响的因素也被加工，即实现潜意识意识化。

经过投射，潜意识被意识化，即便来访者并没有认识到它的发生，也可以在对中介物进行加工时，对这部分内容进行加工使其发生改变。来访者对事件的投射是可意识的，对中介物的加工也是可意识的，而对加工的内容是事件发生过程中意识的部分还是无意识的部分，来访者并不一定都能明确地认识到，但由于投射作用，这并不影响来访者自我改变。

（二）觉知并评估自己的防御机制

“自主咨询”对躯体感觉的关注是针对有些来访者无意识地使用了转化的防御机制，压抑了的冲突转化为躯体症状，对这些来访者，关注躯体感觉有助于对冲突进行加工。有些来访者的一些想法和愿望不为道德法律、文化传承、社会习俗或是家庭规则接纳，来访者又难以改变所持有的信念、观点、情感、意向等，这就产生了心理冲突。或者来访者本人“超我”比较强，“本我”被压抑，但此时“本我”的追求并没有消失，在本能与道德发生冲突的时候，来访者就承受了精神痛苦。为避免精神痛苦，出现了各种防御机制，其中一种就是转化。精神痛苦转化成各种躯体症状表现出来，以此避开精神痛苦，但这种转化是潜意识的，而不是假装的或有意为之。

“自主咨询”以情绪的杠杆作用调整认知的同时也关注躯体感觉，是有心理动力学依据的，是将潜意识中没有通过情绪体现而是通过躯体感觉体现的心理冲突意识化。“自主咨询”运用了防御机制的原理，以关注和加工躯体感觉的形式处理心理冲突和压力。引起躯体感觉的精神痛苦是被压抑的、无意识的、不可加工的，而躯体感觉是意识的、可加工的。

“自主咨询”反复引导来访者关注身体感觉，一方面帮助来访者关注到身体感觉的变化，另一方面帮助来访者意识到自己的身体感觉与情绪之间有可能是关联的、相互影响的。发现这种关联，来访者在咨询过程中就可以意识到自己运用了心理防御机制。当这种防御机制被意识到，来访者就能更清晰地认识到自己面对问题时的应对方式是积极的还是消极的，当再次面对自己内心的冲突时就可以选择更恰当的方式处理和解决。当然，这个过程也是潜意识意识化的过程，是将面对冲突时无意识的转换机制意识化，来访者了解躯体感觉实质上是转换了形式的精神心理活动。

来访者关注到生活琐事和小情绪相关的身体变化，觉察自己面对事件引起的心理冲突时是否使用了压抑、转换等防御机制，反思这些防御机制是否适应性更强、更合理也更利于个人成长，思考面对随时可能出现的生活琐事造成的心理冲突时这样的防御机制是否需要调整，等等。当来访者对自己的心理防御机制有所觉知并能进行评估，就可以减少或避免不良防御机制进一步发展为心理障碍或精神障碍，减少来访者身心的痛苦。

“自主咨询”最能体现心理动力学理论的内容是通过各种方法将无意识或潜意识化，让被压抑、被转化、被防御的冲突和痛苦成为可以被加工，或者可以被间接加工的、可意识的内容。

“自主咨询”中中介物的使用、对躯体感觉的关注等多个方面的设置都获得了心理动力学理论支持。

三、认知心理学理论的支撑

认知心理学是一种心理学新思潮，它关注的核心是输入和输出之间发生的心理过程。认知心理学研究人的高级心理过程主要是认识过程，如注意、知觉、表象、记忆、思维和语言等。认知心理学强调各种心理过程之间的联系，以综合观点进行研究。

“自主咨询”受到了认知心理学理论的影响。认知心理学的理论观点很多，“自主咨询”体现的重要思想是抽象分析理论和元认知理论。

（一）抽象分析理论

抽象分析理论主要是指将输入和输出联系起来进行推理，分析某种心理现象的内部心理机制。抽象分析，是对大脑认知活动的综合推理，整体分析，从而分析出大脑在信息加工时的认知规律。通常心理过程的作用机制是难以通过直接观察进行研究的，但可以通过对信息进行推理，间接分析出心理状态和变化趋势，以分析出信息需加工的过程。

“自主咨询”的“环式问询”正是基于认知心理学的这一理论。“环式问询”是在“自主咨询”进行到不同阶段，咨询师向来访者提出相同或相似的问题或要求，来访者在不同的心理状态下对相同的问题和要求做出反应。通过来访者对相同问题的不同反应，咨询师可以分析出来访者的心理过程的变化趋势。

事实上，“环式问询”在提出问题之前就已经对来访者有了预期——来访者会在不同情况下对相同问题给出不同反应，这一预期就是建立在抽象分析的基础上，对来访者的认知活动进行分析和推理——认为来访者具有自我完善和成长的能力，具有做出改变的趋势，具有突破和改变的意愿。以这种心理变化趋势为基点，对来访者循环提问——来访者对相同问题的反应体现当下来访者的心理活动，而咨询师则根据来访者的反应，对来访者的情绪反应、认知方式、持有的核心理念等进行综合评估，找到刺激和反应之间的联系，发现信息加工的合理和不合理之处，加以干预。当咨询师再次提出相同问题或要求，来访者做出了不同的反应——两次反应的差异就体现出了来访者心理活动的作用机制，咨询师只要对这些信息进行评估和推理，就可以发现来访者的思维模式和核心理念的变化，进而帮助来访者进行合理的信息加工，并做出相应的引导。即便来访者前后反应相同，也具有重要意义和价值，可以发现来访者对咨询师给出的外部刺激的认知过程的逻辑性和敏感性，等等。

另一方面，“自主咨询”并没有将输入的信息——事件细节做过多描述，而直接对输出的反应——情绪、认知、感觉、行为等进行前后比较，推理来访者心理机制的变化，分析出认知构架的解构和重组等认知加工过程。这就是抽象分析理论在“自主咨询”中的应用，它要求咨询的问询体系具有较强的针对性，而

“环式问询”恰恰就能实现这一点。“自主咨询”的问询体系的基础——“环式问询”就是以“抽象分析”理论为理论指导建立起来的。

（二）元认知理论

人们通常会关注到自己认识的人、事、物，很少有人关注自己的认知方式——元认知，也就是对认知的认知，是认知的一种高级形式。元认知作用主体是认知活动的全过程，是对正在进行的认知活动的计划、监控和调节。元认知是抽象内在的，而不是对外部具体事物的智力活动——阅读一篇具体的文章，进行一个具体的运算等。元认知的实质是对认知活动的自我意识和自我调节，例如用什么策略阅读一篇文章，在运算过程中监控运算方法是否恰当，是否需要改变运算方法等。

基于元认知理论“自主咨询”引导来访者觉察自我认知过程，监控认知行为的结果，反思其合理与不合理的环节，并对不合理的环节进行积极调节。

这些理论并不是以具体程序或固定环节的形式体现出来，而是隐藏在咨询流程之中。通过对“自主咨询”中介物与空间对应关系的关注，引发来访者对事件、自我与世界关系的思索，调整了来访者认知事件的角度。从事件关注变为关系关注，从一元的单一关注，到多元的互相作用的关注，从关注事件的一维信息——事件散布成点的各个细节，到多维信息——将事件的细节作为整体，判断和评估它和周围世界的时间、空间关系以及与自我发展、自我成长的关系等，这些都有元认知的作用。

来访者在前后两次为空间命名时，改变了认识方式。第一次是被动的，在“环式问询”引导下改变了思维角度，第二次是主动的，探索此前没有思考过的认知模式，来访者这种改变是元认知发生了作用。在问询过程中意识到自己的认知出现问题，对事件的情绪体验、认知方式、躯体感觉等都发生了偏差，因此，来访者会在后续的问询中对认知体系进行调整，以新构建的思维模式思考和分析问题，这样就会对同一事件得出与此前不同的结论。这个过程中，元认知系统起到调控的主要作用，调整了自我认知体系，建立新认知系统。实质上来访者认知体系的解构与重建都是在元认知的监控和调节作用下完成的。

来访者元认知调节的影响贯穿始终，在咨询的各个环节都起作用。来访者认知结构改变，不断自我反思，监控不合理认知，调整认知结构，促进思维模式的改变，松动核心理念，这些也是基于元认知理论而设置。另外，咨询师对来访者的咨询反馈以及与来访者协商作业将咨询成果应用于实际生活，也是利用来访者元认知的功能，让来访者在生活中通过行为习惯的养成，不断调整认知模式，形成和巩固新的、更合理的认知结构。

“自主咨询”运用元认知理论对来访者的认知过程进行干预，帮助来访者意识、监控和调整自己的认知过程、情感过程，学习元认知策略，学会合理认知，调整不合理认知。

认知心理学的理论体现在“自主咨询”的方方面面，影响非常广泛，“抽象分析理论”和“元认知理论”只是其中的两个要点。认知心理学对“自主咨询”的影响也不仅仅体现在基础理论，还体现在技术疗法，具体内容本章后面详细介绍。

四、行为主义心理学理论的支撑

在这里我们说的行为主义心理学理论主要指以斯金纳等为代表的新行为主义心理学。无论是行为主义还是新行为主义，都以刺激—反应理论为基础，即有机体在一定的刺激之下会产生相应的反应。斯金纳的著名理论之一就是强化理论，强化是指人为操纵的、伴随于行为之后，有助于该行为重复出现而进行的奖惩过程。斯金纳认为，人的行为变化是强化的结果，学习行为的成功与否取决于强化。

“自主咨询”很多环节运用了强化理论，以巩固来访者的咨询成果。

第一，“自主咨询”得到强化理论的支持。“自主咨询”依据的原理是以情绪为杠杆，对情绪、认知、躯体感觉、行为等进行调节。来访者负性情绪在短时间内会发生改变，焦虑、抑郁等不良情绪体验下降，同时多数来访者的躯体不适得到改善。这种良性变化本身就是一种强化，能够增加来访者继续自我探索、自我改变的动力。

来访者在自我探索的过程中，负性情绪得到改善，压抑、抑郁等让来访者感到不愉快、不舒服的情绪体验下降，愉悦感上升，这意味着负性刺激减少，正性刺激增多，来访者会趋向于发生同样的反应，以期待更多地减少负性刺激，增加正性刺激。因而，来访者会继续并试图更深地自我探索。这个过程中，来访者的“自我探索”是一种行为，这个行为的结果是“愉悦感上升”。“愉悦感上升”在刺激—反应理论中，是一种刺激，这个刺激产生的反应就是促进能产生这个刺激的行为增加。这个过程就是强化，即“愉悦感上升”是一个好的刺激，来访者为了让这个好的刺激重复出现，就会继续做出跟随“环式问询”进行“自我探索”的行为，这个行为，就是对好的刺激的反应，而好的刺激——“愉悦感上升”就是强化物，并且是正性强化物。

这种强化可以在短时间内反复发生，是由于“自主咨询”直接聚焦于情绪，情绪相对于其他因素，更具有不稳定、变化快、易影响、易改变等特点，也就更容易成为正性强化物，不良情绪在短时间内获得改善，让来访者的努力立刻得到奖励。这一点也是“自主咨询”选择以情绪为枢机带动其他心理因素的考量，也是“自主咨询”能在极短时间内取得咨询成果、促进来访者个人成长的一个重要原因。

第二，“自主咨询”的问询结构体现强化理论。“环式问询”不同时机相似的问题或要求，帮助来访者自我探究深入思索，促进思维解构和重组，也是不断强化正向思维的有效途径。来访者面对相同的问题，每次都有不同的反应，与前一次相比情绪和认知等方面都产生变化。这种比前一次更深层次的思索和体验，是来访者在自我成长过程中取得的进步，对来访者而言是一种精神激励。精神激励，是一种内部强化，是比外部强化更有效的强化物。

来访者在咨询过程中的每一点变化，都可以看作是一种强化，变化即强化。因为每一点变化都可以帮助来访者突破原有思维模式，获得新的认知经验，无论这些认知经验是不是更适应的、有益的，都是一种思维突破。人有自我实现、自我完善的能力，固守于旧有的思维模式不能获得自我完善感，而这些新的认知经验能够帮助来访者获得突破感、自新感，在咨询体系中获得的新经验是有保护的，即便也许它不一定是适应的、有益的，对来访者而言依然是有促进自我成长功能的。因此，这些新经验可以被视作正性的内部强化物，激励来访者不断去探索和体验。

第三，“自主咨询”三个步骤的程序设定——咨询、梳理、反馈是对咨询成果的强化。由于“自主咨询”的时程极短，来访者在第一阶段取得的咨询成果——新的认知体系和思维方式，如果没有更多的时间和程序进行练习和记忆，就很容易消退。这就需要适度的练习和强化，以便让来访者的咨询成果进入长时记忆，并固定下来形成行为习惯和思维习惯，应用于生活实践。

“自主咨询”的程序设定对咨询成果的强化，强化物是来访者在生活实践中应用咨询成果时不断获得的良好体验，包括良性情绪情感体验、与以往不同的认知体验和改善的躯体体验等，继发性获益包括人际关系的改善、自我认可程度增加，还可能是用于躯体治疗的经济支出减少，等等。这些脱离了问询体系的引导、离开咨询体系的保护、由来访者独立面对生活事件时获得的良性体验，能让来访者获得更多欣快感和价值感，这种欣快感和价值感，就是促使来访者在生活中坚持不断应用咨询成果的强化物。

“自主咨询”在依据原理、问询结构和程序设定等方面都运用了行为主义的强化理论，为短时高效、咨询成果生活化奠定了基础。

五、其他心理学理论的支撑

“自主咨询”除了得到经典心理学理论的支持，还应用了社会心理学、健康心理学、发展心理学、教育心理学等多个应用心理学领域不同方向的研究理论，涉及情绪与认知、情绪与生理、情绪与行为的相互影响。

（一）情绪与认知的相互影响

1. 认知影响情绪

在心理学发展的历史上，很多实验证明了认知对情绪的影响，也有很多理论对认知影响情绪做了不同的阐述，例如，合理情绪理论、情绪认知理论等。这些理论从不同的方面提供了依据，证实认知对情绪的不同影响。

“自主咨询”主要应用认知图式和认知网络对情绪的影响。每个人不同于其他人的认知图式和认知网络使人们对同一事件存在认知差异。同一个人又有很多不同的认知图式和认知网络结构，启用的图式和网络不同，对同一件事的解析也会有不同。对事件解析的差异又导致了对同一件事的不同情绪体验。

负性情绪通常并非由于来访者建立的图式结构不清或认知网络内容不足，而是对事件解析的图式选择有误，以及认知网络应用的局限性。也就是说，来访者的图式结构和认知网络是饱满的、丰富的，但在对事件解析时并没有全面综合地使用已有的图式和认识网络，只是选择性地应用了其中的一部分用以分析事件，这就导致了对事件认知的局限性或错误，产生不合理认知，继而产生了不良情绪。

“自主咨询”的作用就是帮助来访者意识到使用的图式和认知网络的局限性和不合理性，可以以更广阔的视角和维度认识事件、世界和自我，解构原有对事件的认知体系，重新组建包含更广阔的、更合理、更适应的认知图式和网络结构的认知体系。在新的认知体系下再次对事件进行分析，得出新的结论，获得不同于前的情绪体验。通过调整认知图式和认知网络结构改变不合理认知，在合理认知的影响下获得合理情绪，认知与情绪相互作用，形成更适应的心理状态。

2. 情绪影响认知

认知与情绪相互影响，不仅表现为认知对情绪的显著影响，情绪对认知的影响也非常关键。情绪在多个方面影响着认知，例如，感受性、记忆、思维等方面。

情绪影响来访者的感受性，当来访者处于某种情绪状态下，对与情绪相符的刺激感受性会上升。例如，一个处于消极情绪中的人对消极刺激的感受性会上升，而对积极刺激的感受性降低。

这种情况在生活中经常出现，一个人正处于一种焦虑情绪中，他会更容易捕捉到有人碰到他的身体这种可能会增加人的焦虑情绪的刺激，而这个刺激也更可能会被解读成“受到侵犯”这种增加焦虑情绪的含义。相反，当此人处于愉悦情绪时，遇上同样的身体触碰，感受性就可能下降而忽视了这个刺激，或解读成偶然事件或者对方不小心等中性或正性的含义。甚至在较为放松的状态下，人们还可能会产生“对方是不是需要帮助”等更具有亲社会性特点的解读。

文学作品中，也常常出现这样的例子，人们处于良性情绪时感觉天空比往日更蓝；而不良情绪中，人们总觉得天色阴沉灰暗，等等。

不同情绪中，无论是触觉还是视觉——对身体接触和对颜色的感受性，都体现出差异。

情绪在程序、内容、加工方式等多方面影响记忆。当来访者近期一直处于较为负性的心境时，他回忆的内容中负性事件就会增多，而他对这些事件的输入、编码、存储和提取也都围绕着负性情绪进行。例如，一个忧郁状态的来访者描述他近期生活时，要比普通人更多地回忆起病痛、压抑的事件，比如噩梦失眠、让来访者感到愧疚的事件、非生理因素的身体疼痛，等等。这些都与来访者当下的抑郁情绪相符合，也就更容易被记忆和提取。

情绪对记忆的影响，在注意的选择阶段就已经开始了。一个人身边正在同时发生很多事，他往往会注意到与当下情绪相匹配的事件，或者会注意到一些可以做出主观解释的中性事件并做与情绪相符的解读，在工作记忆进行加工并可能进一步存储进入长时记忆。

记忆的加工方式也会受到情绪的影响。例如在很悲伤的时候吃了某种食物，而在下一次不悲伤的时候再吃这种食物，就会想起曾经的悲伤体验而影响当下的情绪，这种食物与当时的悲伤情绪形成了记忆线索。

生活中更为常见的是情绪影响记忆的提取。人们往往会想起与当下情绪相匹配的事件。一些先生们往往不理解为什么自己的太太会在一件事发生之后总能想起那么多已经过去很久的相关或是不相关的事来，大概是因为先生们不知道情绪影响了记忆的提取，而女人的情绪体验又那么丰富。情绪就是提取记忆的线索，当某种情绪出现，和这种情绪关联的事件记忆就被激活，无论时隔多久，只要它还在记忆中没有消退，就可以被相关的情绪检索并被提取。某种情绪或事件又唤醒了另一种情绪，另一种情绪又影响了记忆提取，所以，当先生们觉得太太们提起的是“久远又不相关”的事的时候，太太们的情绪和记忆大概已经在左右脑之间振荡很多次了。

情绪对思维的影响也很明显。在良好的情绪状态中，人们思维速度和准确性都更高，也更具有严谨的推理能力和活跃的创造力。当人们处于负性情绪的时候，思维会变得迟钝而缓慢，思维活动狭窄而缺乏弹性，逻辑性下降，更容易专注于某一片面的方向，而失去整体考量。因此，在负性情绪影响下，来访者的思维更倾向于指向引起负性情绪的事件，也更倾向于对中性事件做出不合理的负性判断。近来，人们常说“垃圾人”是指一个人像一个垃圾桶一样，带着较高水平的负性情绪，遇到事件就会解读为挫折，随即负性情绪就像垃圾一样爆炸。“垃圾人”就是典型的情绪影响了思维。高水平的负性情绪使得他们合理的正性思维的活跃程度大大降低，不合理的负性思维敏感而易于唤醒。这时就算有积极的正性事件或有其他人对中性事件的正性解析，他们也难以综合全面地思考并对事件做出适应性评估，行为也随之变得冲动，很容易伤害他人伤害自己，就像垃圾在高压下很容易爆炸一样，造成严重后果。

情绪对思维有很大影响，负性情绪如果被及时调节，思维的广度、逻辑性、稳定性等都会趋于理智，可以减少不理性的行为。

情绪对认知的影响在感受性、记忆、思维等多个方面都能体现，此外，情绪的性质、强度等，对认知反应的方式、速度、策略等都有明显的影响。

心理学家曾以婴幼儿为实验对象研究情绪对反应速度和反应正确性的影响，结果发现，愉悦情绪要比痛苦情绪有更好的反应速度和反应正确性。还有实验表明，认知反应与良性情绪的强度呈倒“U”型相关，而与负性情绪强度呈负相关。也就是说，良性情绪对认知反应在一定程度上有促进作用，而中等强度的良性情绪对认知反应的促进作用最强；负性情绪对认知反应有抑制作用，负性情绪强度越强认知反应越弱。另外，情绪对认知策略也有一定影响。良性情绪状态下，认知策略更多，有效性更高，能够用较多方法较快速地达到认知目的，而负性情绪中，个体的认知策略和认知速度都受到影响，解决问题的能力下降，需要更长时间完成认知目标。

情绪对认知的影响是广泛而重要的，“自主咨询”以情绪作为杠杆，调节认知结构、完成认知重组，既有理论依据，又经得起实践检验和临床验证。在“自主咨询”中，情绪是扰动认知体系各个因素，使之发生改变效率最高的一个节点，情绪与认知各因素之间都有密切关系，情绪的变化必然使其他因素受到干扰，又反过来作用情绪，促进认知体系发生改变。这种改变意味着必然会有新的认知框架形成以替代原有认知体系，完成认知重组。在“环式问询”框架体系内，来访者思维跟随提问，自我探索，情绪受新的认知体系影响趋于合理，受情绪扰动的各个因素也表现出更适应、更理性、更稳定。

“自主咨询”运用情绪作为杠杆改变认知，是振裘持领、高效聚焦的咨询策略。

（二）情绪与生理的相互影响

不同情绪理论从不同的角度分析了情绪产生的机制，观点各有差异，但几乎所有情绪理论都认同情绪变化与生理变化相关，包括不同脑区、植物神经、腺体等的变化。

1. 生理变化影响情绪

生活中人们都能体会到生理变化影响情绪，生理变化不仅指生理疾病，也指正常生理活动。当人们有饥、渴、疼痛等感觉的时候，焦虑水平会上升；心率异常也会导致恐惧感上升，等等。有心理学家曾做过一个有趣的实验，“充盈的膀胱会产生焦虑，影响注意力”。这个现象是这位心理学家在一次公开演讲时发现的。演讲前他很想去卫生间小解，但是时间来不及了，于是他就带着“充盈的膀胱”上了台。虽然直到演讲完成他也没尿裤子，但是在这次演讲中出错的次数远远多于以往。于是他做了一系列实验，证明了“充盈的膀胱”对情绪和注意力的影响。另外，一些神经递质的分泌本身就有调节情绪的作用，例如，五羟色胺分泌异常可能产生易激惹、焦虑、躁狂等情绪，另一种现在被大众熟悉的神经递质——多巴胺分泌异常可能导致抑郁、快感缺失等。

2．情绪也会影响生理反应

一个因受到惊吓而产生紧张情绪的人，会伴有与情绪相应的生理唤醒，如心跳加快、血压升高、瞳孔收缩、肾上腺素分泌旺盛、消化腺功能抑制等。当一个人处于焦虑情绪中时，抗利尿激素分泌受到抑制，使得排尿次数增多，这就是有些人考试的时候总想上厕所的原因。这些都是情绪状态下正常的生理反应。

伴随情绪的生理唤醒是每个正常人都会有的，但如果这些生理反应超过一定水平，就会出现异常，需要干预。身心相关的观点不仅出现在如《黄帝内经》等医学理论中，在心理学领域也越来越被重视，健康心理学就是专门研究身心关系的应用心理学分支。健康心理学的研究领域不仅包含了应激、心理与疾病等，还包括身心一体健康的生活方式。无论是医学界还是心理学界，人们都越来越重视在日常生活中的心理健康。

“自主咨询”基于生理心理学和健康心理学理论，主要以不良情绪与生理变化和躯体感受的关系为基础，以情绪为杠杆，调整生理变化和躯体感受。

不良情绪，这里有两方面含义，一个是过度的情绪变化，例如范进中举，喜极而狂；另一个含义是持续的负性情绪，例如抑郁心境，可能引起躯体疼痛等症状。

当一个事件发生，有些人会把它当作压力源，并产生一定的应激反应。对于大部分人来说，这种应激反应会随着事件的结束而终止，或者事件没有结束，但人们会采取一定的应对措施降低这种应激带来的情绪和生理反应，使其处于正常水平，不会影响身心健康。然而，对于另一些人来说，由于缺乏相应的应对策略，或对事件有不合理认知，或由于自身人格特质、心理状态等因素，长期处于应激状态，紧张、焦虑、激惹，也可能是抑郁、愧疚、悲伤等。长期的应激状态会使人免疫功能降低更容易患病，也会导致患胃溃疡、肠炎等胃肠道疾病的概率增加，影响营养物质摄入。而受情绪影响最明显的是血压和心脏，有研究表明，罹患高血压的人群中，有约 58.7% 的患者经常处于急躁、易怒情绪中。

有些人面对突发事件应对不良，情绪过度激越，产生了异常生理反应，这种情况在精神科患者中也较为常见，即转换障碍。例如，一对夫妻经常为家庭琐事争吵，但从没有涉及离婚的话题。又一次争吵之后，丈夫感到这样的生活还不如离婚，妻子赌气说“离就离”，两人商定第二天办理离婚手续。第二天一早，妻子突然下肢瘫痪，不能行走，经过多方求医，既没有起色，也查不出器质性原因，两人离婚的事也因妻子突发疾病而搁浅。后经心理咨询，考虑心因性因素，丈夫和妻子都认为两人感情良好，并不真心想离婚，但都认为对方想离婚，而妻子将这种不情愿又“不得不”离婚的复杂情绪转化成了躯体障碍，导致下肢瘫痪。经过心理咨询及治疗，妻子的疾病最终痊愈。这种转换障碍是无意识地将心理冲突转换成躯体障碍，没有器质性改变或生理性病因，也并非表演或假装。转换障碍是心理影响生理的典型精神病症。

这个案例中来访者的转换障碍表现比较严重，临床中常见的是不良情绪转换为原因不明的疼痛。来访者的感觉是真实的，他们的的确确感到疼痛，而多方求医用药想查明原因或缓解疼痛都无济于事，表现为没有明显的病理性改变能导致相应疼痛，并且使用镇痛药物疗效不显著。

心理问题躯体化是在潜意识中完成的，来访者的病理性表现是真实感受到的，不是假装或表演出来的；来访者想要改善躯体症状的就医行为也是真实的。症状的严重程度一般和来访者的心理冲突的严重程度相关，心理冲突越强烈，躯体症状也表现得越严重。

以上例子可以看出，由于生活琐事引起的不良情绪可能导致很多躯体异常甚至疾病。

情绪和生理的相互影响是复杂的、多方面的，《黄帝内经》《健康心理学》等身心相关的医学、心理学等领域的研究都表明，在对来访者不良情绪进行干预的同时，关注来访者躯体感觉的变化是非常有必要的，也可以促进来访者情绪和认知的改变；而对情绪的扰动，也会改善不良躯体感觉。由于心理冲突躯体化通常是在潜意识中完成的，人们通常都认为自己的躯体症状和身体不适与生理疾病相关，很少会想到躯体症状的心理因素。当人们意识到两者之间存在关联时，无意识意识化，就可以更好地处理躯体症状，改善生活质量。

因此，“自主咨询”中，以情绪为杠杆调整躯体感觉，使两者相互作用促进彼此向良性方向发展，是心理咨询思路的重要突破，也是“自主咨询”短时高效的重要因素。无论是强烈的情绪变化还是持续的负性情绪，都可能会影响躯体感觉，而关注到情绪与躯体感觉的关系，就是改变的第一步。“环式问询”中“情绪—认知—躯体感觉”被循环提问，来访者在自我探索的同时，意识到心理和躯体之间可能的联系，建立身心一体化的思路，在“情绪—认知—躯体感觉”的整体框架中解决问题，这是“自主咨询”非常高效的重要因素之一。

（三）情绪与行为的相互影响

情绪与生理的相互作用相对隐蔽，而情绪与行为的相互影响则很容易被观察到。

1. 情绪对行为的影响是普遍的

情绪影响行为的观点是被广泛接受的。情绪对行为的影响一方面表现在不同情绪会出现不同面部表情和肢体行为，另一方面表现在情绪对行为倾向性的影响。

随着心理学分支越来越细化，很多从前没有被关注的领域也逐渐走进大众视野，例如微表情心理学就是一门研究情绪与一闪而过的表情、肢体动作关系的心理科学。当人们感到愉快而大笑的时候，嘴角会向上翘，面颊上抬起皱，眼睑收缩，眼睛尾部会形成“鱼尾纹”；当人们感到惊讶时，下颚会下垂，嘴唇和嘴巴放松，眼睛睁大，眼睑和眉毛会微微抬起，等等。情绪对行为的影响在表情方面的表现是很普遍的，而且是跨文化的，全球绝大多数人，无论国家、地区、种族、文化，在表达基本情绪时的表情都是相同或相似的。

人的情绪可以掩盖或伪装，但是通过对微表情的分析，可以在一定程度上知道人们真实的内心情绪体验。一个人在讲话时的微表情，甚至可以作为判断一个人说话内容是否真实的依据。有一个非常著名的例子，美国前总统克林顿因被白宫实习生莱温斯基指控性侵犯而接受电视采访。他在电视直播时否认莱温斯基的指控，但当时的心理学家指出他在公然说谎。心理学家的依据就是克林顿的微表情，反映了当时他的焦虑、试图掩盖、愧疚等情绪。后来随着事情的发展，更多的事实被逐渐披露，克林顿最终承认了与莱温斯基有过性接触，也证实了心理学家的判断。

此外，情绪还影响行为倾向性，一个人在不同情绪体验中会对相似事件产生不同行为倾向，例如助人行为。有一个以神学院学生为研究对象的经典社会心理学实验：临时通知这群学生在很短的时间内赶到另一个地点接受主教接见。这些神学院学生的宿舍大楼门前有一个乞丐正在乞讨，大部分人在离开宿舍大楼时都注意到了这名乞丐，但大部分人没有给乞讨者任何财物或其他形式的帮助。而被通知有充足的时间去接受主教的接见的对照组，他们中的绝大多数人给了乞讨者财物。人们在舒缓、愉悦的情绪中，会增加助人行为，而在紧张、焦虑的情绪中，助人行为的倾向性会降低。这个实验证实了助人行为受情绪影响，同时，也证明了情绪影响包括助人行为在内的行为倾向性。

2. 行为不仅能反映情绪，也能影响情绪

还以表情为例。有一个著名的商业案例，某公司售后热线接线员的辞职率非常高，公司需要不断招募新员工，这样既增加了不稳定性，还意味着要付出高额费用对新员工进行培训。同时，员工的不断更替还让公司承担隐性损失——售后接线员培训周期增加，售后人员经验不足导致对公司品牌形象的影响更是巨大。为此他们重金聘请了一家顾问公司解决这个问题。顾问公司经过考察发现，拨打售后电话的客户通常都是遇到了一定挫折，例如因为产品安装或使用不顺利、产品故障或损坏等，这些挫折很容易让客户产生焦虑、愤怒、委屈、被骗、自我否定等消极情绪。售后部门的接线员长期处理挫折性事件，对话的也往往是带有负性情绪的人，这些对接线员的身心健康造成了一定的危害——也是导致辞职率居高不下的直接原因。

接着，顾问公司给出了极具心理学意义的解决方案，公司给每个售后热线接线员发一面镜子，要求接线员在工作时把镜子放在可以照到自己面部表情的地方。这个策略非常有效，接线员的辞职率显著下降。该顾问公司给出的解释是：当人照镜子的时候，总是期待看到完美的自己，所以会不自觉地微笑。微笑的动作影响了情绪，使得负性情绪下降，正性情绪增加，继而工作压力得以缓解，焦虑下降，愉悦感增加。最终顾问公司用一面镜子降低了该公司售后人员辞职率。

这是一个证明了行为（表情）影响情绪非常经典的案例，它的方法和结论被很多管理部门以各种形式借鉴和应用。可见，行为不仅反映情绪也能影响情绪。

“自主咨询”运用情绪杠杆影响行为。咨询过程中来访者的不良情绪发生变化，改变了面部表情和肢体语言，也改变行为倾向性，使来访者对生活事件的自我反馈更趋于合理。来访者本人的不良心理状态减少，也会间接地让与来访者有关的他人获得良好体验。这种良好的体验可以强化来访者的行为，从而进一步调整来访者的认知和情绪。“自主咨询”借用情绪杠杆调整行为是一种既科学严谨又有生活意义的策略。

第四节　来自心理学疗法理论的支撑

"自主咨询"在思想基础上有经典心理学理论支持，在咨询方法技术上也有经典理论支持，其中除了包含前面提到的焦点解决短程心理治疗、心理动力学疗法、行为疗法以外，还有森田疗法、认知行为治疗，等等。

一、森田疗法理论的支撑

"自主咨询"是一种极短程高效的心理咨询方法，它在理论思想和方法结构的设定方面受到了森田疗法理论的影响——交互、当下、行动，即精神交互作用，"不问过去，注重现在"，"不问症状，注重行动"。

（一）将情绪作为认知、行为和躯体感觉的调节杠杆

森田疗法的核心理论是"精神交互作用"，即感觉和注意力的相互影响。由于注意力集中在某些躯体感觉，使这些感觉越发敏感，感觉阈限降低，感受性上升，平常对于某人很小的刺激会

被放大产生强烈反应；由于敏感性增强，注意力会更多分配到这些躯体感觉中，使人们不断关注这些引起不适的躯体部位。感觉和注意力两者就这样相互影响，经一系列的精神心理变化，产生了精神交互作用。

来访者的躯体感觉不仅与注意力指向有关，也与情绪指向有关。很多人出现了没有实质身体疾病或明显生理改变的躯体异常感觉，例如疼痛感、酸胀感、麻木感、眩晕感，等等，这些躯体感觉与来访者的情绪变化关系密切。来访者的情绪指向负性时，躯体不良感觉加重，而负性情绪减少或是消失时，不良躯体感觉转好，这些都体现了情绪与躯体感觉的交互作用。情绪不仅与躯体感觉存在交互作用，与认知和行为等心理因素也都存在交互作用。

受到森田疗法“精神交互作用”理论的启发，“自主咨询”提出之初，在理论方面提出了科学假设——基于情绪与认知、情绪与行为、情绪与躯体感觉等的相互影响、交互作用——情绪可以作为认知、情绪、行为、躯体感觉联合系统的枢机，减少或消除负性情绪可以起到调整不合理认知、控制不理性行为和改善不良躯体感受的作用。人们处于负性情绪时，对事件的选择和评估等认知方面都倾向于负性，也更容易感受到不良躯体感觉，行为也更具有破坏性，这些认知、躯体和行为的反应又反过来作用于情绪，使情绪向负性发展。当情绪被调节，负性情绪改变，这样情绪与认知、躯体和行为的交互作用就会向更为适应的方向发展。

通过一系列科学研讨和临床实践以及研究方法的改进，最终证实了最初的假设——基于情绪与认知、行为、感觉的“交互作用”，情绪可以作为认知、情绪、行为、躯体感觉系统的调节杠杆。

（二）不问事件，聚焦情绪

“不问过去，注重现在”，这是森田疗法的重要特点之一。森田疗法认为，人们的神经症是由于过去生活中的某些事件引起的，是偶然发生的疾病的诱因。森田疗法不追究这些诱发疾病的具体事件，只关注当下的生活，从现在开始更好地生活。

“自主咨询”的问询体系特点之一——“不问事件，聚焦情绪”，就是受到了森田疗法的启发，也可以获得森田疗法基本理论的支持。一个人对事件的反应往往是情绪、认知、生理等多种因素作用的结果。人们根据自己已有认知图式对事件赋予个人理解和评价，这个过程还受到情绪和个体生理状态对认知的交互影响。因而，来访者在叙述事件经过和细节时是具有主观性和评价性的，这种主观性和评价性往往是引起来访者心理冲突的因素，当一个偶然情境引起了一个生活事件，心理冲突就被诱发。

因此，“自主咨询”不问及来访者对过去事件经过的认识和描述，从改变当前情绪入手，调整来访者当下的情绪管理策略和认知结构，改变来访者未来对事件的态度和反应，以此为杠杆影响来访者的核心观念，这种心理咨询思路是合理而高效的。“自主咨询”之所以成为“人人可用，时时可用，处处可用”的科学的、正规的心理咨询方法，保护来访者的隐私、不涉及事件经过是它能取得成功的重要原因之一。“自主咨询”最初做出这种尝试的立足点就是森田疗法的“不问过去，注重现在”的思想，并在开始尝试的时候就取得了成功。

心理咨询方法和理论在很多方面是可以相互借鉴、相互验证的，“自主咨询”问询体系中“不问事件，聚焦情绪”的现实性就是在森田疗法的基础上又扩展了一步。

（三）不问症状，注重行动

森田疗法主张“像正常人一样生活，就是正常人”。来访者的症状反映了情绪的变化，即使症状依然存在，但积极行动，就会改变情绪和认知，进而改变性格，症状就会减轻或是消退。“行为习惯的改变促进思维习惯改变”既是“自主咨询”理论思想的组成部分，也是它的方法结构的应用设定，这种思想和应用获得森田疗法“不问症状，注重行动”理论的有力支持。

“自主咨询”的后两个阶段——梳理阶段和反馈阶段，都是据此设定的思想主线，特别是反馈阶段。

在反馈阶段，咨询师要与来访者协商家庭任务，目的是帮助来访者在实际生活中巩固咨询成果，使这些成果能够应用于日常生活，让来访者做到真正的改变。在来访者完成家庭任务的时候，常常会出现反复，也就是咨询成果消退，例如情绪管理失调，不合理认知重现，躯体不良感觉再次出现等。但是只要来访者坚持完成家庭任务，即便再次出现咨询之前的一些心理状态和症状，只要行为方面没有松懈，就会促进有效咨询成果回归。例如在家庭关系中，家庭成员之间有很深厚的情感，但总是为一些家庭琐事吵架，互相挑剔。经过协商，家庭成员一致同意将每周四晚 7 点到 8 点作为固定的“争吵时间”，将一周中所有令自己不满的事件都在这个时间抱怨对方，其他时间不能抱怨或争吵。在“争吵时间”执行过程中，这个家庭也遇到了困难。有几次在非“争吵时间”家庭成员之间也出现了纷争，由于大家都能从行动上遵从约定并彼此监督，虽然心理状态又回到了心理咨询之前，但行为还是发生了改变，只在“争吵时间”抱怨家庭其他成员。虽然认知和情绪都出现了波动，但行为的改变促进了其他心理因素的改变，这种改变可能是有起伏的、螺旋式的，但基本方向是更适应发展的。

和来访者协商可操作的家庭任务，是一种以行动影响认知的策略，这与森田疗法的“不问症状，重视行动”的思想特点具有相似性。

“生活中指导，生活中改变”也是森田疗法的理论，也同样支持了“自主咨询”的“行为习惯的改变促进思维习惯的改变”的咨询策略。

“自主咨询”在心理理念和咨询方法技术方面都得到了森田疗法的理论支持。不问事件，聚焦情绪和感受，来访者带着生活中的事件来到咨询室，又带着在咨询室中的自我成长走进生活，完成协商的家庭任务，在生活中改变。

二、认知行为治疗理论的支撑

认知行为治疗是时下应用比较广的心理治疗方法，它的基本理论包括“ABC 理论”“自动思维”“核心信念”等。

认知行为治疗理论认为，人对事件的情绪并非来自事件的本身，而是来自对事件的评价、解释、信念或哲学观点等，该理论认为“适应不良的行为与情绪，源于适应不良的认知”。

“ABC 理论”是与情感有关系的事件（Activating events，A），信念或想法（Beliefs，B），与事件有关的情感反应结果（Consequences，C）和行为反应。该理论认为，人们通常认为事件引起反应（A 引起 C），而实质是对事件的信念或想法（B）在起作用，影响人们对事件（A）的反应（C），也就是说人们对事件的态度，不取决于事件本身，而取决于人们对事件的信念或想法。

“自动思维”是指面对事件时头脑中自动出现的想法。自动思维本身没有好坏之分，只有适应性的和非适应性的。非适应性的自动思维也称为歪曲思维或者错误思维。

“核心信念”是指支持每个自动思维的核心部分，例如世界观、价值观等。核心信念是指导和推动生活的动力，这些信念被人们认为是绝对真理。大多数人的核心信念较为正向，但也有一些人持有负性核心信念，可能会引起内心的冲突，导致烦恼和痛苦。

“自主咨询”的核心理念是情绪在认知、情绪、身体感觉和行为等构成的心理系统中起到杠杆作用和中间变量的作用，是建立在多种心理理论基础上的，其中就包括认知行为治疗理论和干预策略。

相比以认知作为切入点的干预心理系统，“自主咨询”以情绪作为切入点，更直接浅显，更容易被感知、被接受，也更容易改变。负性情绪能够被感知和改变，受情绪影响的认知模式就会更容易被意识。而当引起情绪的认知模式能被意识、被加工，来访者就会有更多机会发现自己思维和认知系统中存在的不合理因素和结构，为发挥自我能动性改变思维和认知的不合理结构奠定了基础。根本目标同样是调整认知，把情绪作为切入点相较于把认知作为切入点，就像是在登上高一级台阶之前的矮的台阶，要更简单、更轻松，也更容易成功。

情绪与认知以及核心理念的关系，就像借助一条山间小路修建一条平坦、方向正确、没有障碍和混乱路标的大路一样。调整情绪就像在小路行走，路上也有杂草荆棘，但这些荆棘容易修剪，小路路程更短，容易达到目标。改变认知就像修建大路，严谨规整。小路具有容易受天气（环境）等外部因素以及受要修建的大路（认知）等内部因素的影响，因而风景更多（与多个心理元素相关）、更富于变化（易于改变），甚至会走一些弯路、回头路（情绪的波动）等特点。当小路被修通，在建好小路的基础上修建大路，就会更容易、更迅速也更牢靠。

“自主咨询”是以情绪为杠杆和中间变量，调整情绪与认知相互作用，促进整个心理体系发生改变、更趋于适应。在咨询过程中并没有单独设置某个问题或程序来调整认知，不合理认知的解构与合理认知的重组、负性核心理念的松动与改变无时无刻不在发生。

认知、核心理念改变，也在反作用于情绪。来访者核心信念松动，不合理认知发生变化，对事件原有的负性情绪也会随之变化，这个观点已经被“ABC 理论”验证。认知可以通过很多心理因素影响情绪，例如注意的选择性，当人们受负性认知影响时，也往往更容易关注到能做出与负性认知相符解释的事物，或者对一个事件更容易做出负性解释或关注到它负性意义的一方面。由于负性认知影响了注意，注意的倾向性又“自我证实”了负性认知，这些都促进了负性情绪的产生、持续和加重，构成了对情绪的影响因素。

一个来访者因某次考试失败而沮丧，认为自己是个失败者，既有对考试之前没有更多学习的懊悔，也有对未来丧失希望的焦虑。这位来访者认知发生扭曲，产生了不合理的自动思维，导致对事件过度负性解读，造成严重不良情绪。经过心理咨询，来访者改变了“一叶障目”的错误认知，认识到一次的失败不代表永远失败，考试失败也不代表一个人一无是处，所有方面都失败，等等。改变负性认知之后，来访者对事件的过度负性解读消除，由此引发的不良情绪消失，恢复了自信。

“自主咨询”以情绪为杠杆调整认知，解构不合理认知，构建新的理性认知。理性认知又反作用于情绪，消退不良情绪，发展理性情绪。在“自主咨询”中，情绪和认知的相互作用是一加一大于二的、具有建设性的。

情绪是杠杆也是中间变量，基于认知行为疗法理论基础，通过调节情绪改变认知，调整认知、情绪、躯体和行为等各个元素的关系，使它们达到平衡合理的状态，是“自主咨询”的重要目标。认知行为疗法的合理情绪疗法理论、自动思维理论、核心观念理论等为“自主咨询”的目标实现提供了技术方法理论支持。

以上阐述了“自主咨询”理论基础，涉及多种经典心理学理论，它的方法结构和问询体系也有多种心理咨询疗法的理论支持，是建立在科学理论依据基础上的心理咨询方法。

“自主咨询”虽然涉及了多种经典的心理学理论和疗法，却不是这些理论和疗法的简单罗列和综合，它融会贯通了前人的思想和智慧，是具有自己独特思想基础的一种独立的、科学的心理咨询方法，“自主咨询”是一种具有完善的理论体系和方法体系、正规的心理咨询方法。

“自主咨询”完全是以心理科学为依据、尊重人的身心发展规律，并经过严格的临床实践，将最省时、最有效的心理咨询技术、心理学疗法、心理学理论基础精炼浓缩，在科学的基础上使“自主咨询”成为咨询时间节约化、过程标准化、使用简便化的问询体系，能让更广泛的人群在更广泛的时间和地点使用，是一种不计较使用者是否具有专业背景的心理咨询方法；是一种让人们以最短时间获得心理改善的心理咨询疗法；是让来访者利益最大化的一种心理咨询疗法；它是一种“人人可用，时时可用，处处可用，使用简单方便而原理复杂深刻的科学心理咨询方法。

第三章

标准化的三段式问询结构

“自主咨询”无论是对个体咨询还是团体咨询，有效性远高于“安慰剂效应”。失眠治疗对“安慰剂效应”比较敏感，有效率和治愈率都非常高，有实验表明，安慰剂组对失眠的临床治愈率达到4.1%，总有效率43.2%。“自主咨询”的有效性并不是由“安慰剂效应”引起的，“自主咨询”在心理咨询室的个体咨询临床有效率是100%，团体咨询临床有效率是89.29%。

一种心理咨询方法要做到短而有效有很大难度，为什么“自主咨询”在极短的时间内不仅能改变来访者的负性情绪，还能调节负性情绪对认知、行为、躯体的影响？

负性情绪与事件相关，为什么“自主咨询”过程中几乎不涉及事件经过就能改善负性情绪？

“自主咨询”的有效性依赖于科学严谨的咨询体系：以“环式问询”为基础的聚焦而高效的程度序化问句设计，以“焦点解决短程咨询”为基础的咨询结构。“环式问询”前面已经详细介绍，本章将着重阐述“自主咨询”的三段式结构设置。

第一节　第一个 5 分钟——咨询阶段

咨询阶段是“一刻钟”的第一个 5 分钟，是咨询师引导来访者自我觉察的 5 分钟。在这个 5 分钟里来访者在“环式问询”体系下改善负性情绪，完成对事件的思维改组，体会躯体感觉。这个阶段是“自主咨询”的核心阶段，咨询成果也主要在这个阶段实现。

一、标准化的心理咨询问询体系

咨询阶段，通常需要在咨询师的陪伴和引领中完成要求、解决问题，这个阶段看似是咨询师主动、来访者被动，但事实上是来访者发生内在积极变化的过程，是有意识或无意识的主动改变。

咨询阶段问询模式，以下是咨询师或咨询者对来访者提出的问题或要求（以扑克牌为例）：

1. 来访者心里想着要解决的事件，仔细体会自己当下的情绪，并给当下情绪打分；（第一次聚焦情绪。）

2. 来访者想着引起情绪的这件事，选择一个中介物代表这事件；（中介物背面朝上，看不到花色和点数。第二次聚焦情绪。）

3. 来访者将中介物放在一定的空间中（例如桌子上。通常应避免有其他杂物干扰的环境，即桌子上没有其他物品）；

4. 来访者将注意力专注于代表事件的中介物上，体会当下情绪和躯体感觉；（第三次聚焦情绪。环式问询，对情绪和躯体感受的第一次提问。）

5. 来访者猜测中介物内容（如扑克牌花色和点数）；（围绕中介物的环式问询，第一次提问。）

6. 当来访者在描述中介物时，咨询师提醒他仔细体会当下的情绪体验和躯体感觉；（第四次聚焦情绪。环式问询，对情绪和躯体感受的第二次提问。）

7. 所猜测的中介物对于来访者而言代表什么含义（例如，来访者猜测中介物为方块 10，方块 10 对来访者来说有什么意义，或他认为在所有扑克牌中方块 10 的意义，或能联想到什么，等等）；（环式问询，第一次干预认知。）

8. 来访者为中介物所在的空间命名（桌子和扑克牌方块 10 构成的空间）；（环式问询，第一次对空间命名。）

9. 来访者翻转中介物，观察内容（翻转扑克牌，看到花色和点数），同时让来访者体会当他看到中介物实际内容的瞬间，他的情绪和躯体感觉，并用语言描述出来；（第五次情绪聚焦。环式问询，对情绪和躯体感受的第三次提问。）

10. 来访者叙述实际看到的中介物代表什么含义（例如实际

是黑桃3，它对来访者来说有什么意义，或来访者认为黑桃3在一副扑克牌中的作用或意义，或关于黑桃3来访者能产生哪些联想，等等）；（围绕中介物的环式问询，第二次提问。环式问询，第二次干预认知。）

11. 叙述看到实际的中介物与猜测的中介物带来的情绪和躯体感觉的差异；（第六次情绪聚焦。环式问询，对情绪和躯体感受的第四次提问。）

12. 来访者再次回忆事件，叙述当下的情绪和躯体感觉；（第七次情绪聚焦。）

13. 来访者叙述当下与“自主咨询”前想到事件时感觉的差异；（环式问询，第三次干预认知。）

14. 来访者再次为中介物所在的空间命名（桌子和扑克牌黑桃3构成的空间）；（环式问询，第二次为空间命名。）

15. 来访者叙述再命名和第一次命名整体感觉的差异；（环式问询，第四次干预认知。）

16. 来访者再次为自己当下的情绪打分；（第八次情绪聚焦。）

17. 最后来访者梳理咨询过程中的情绪、认知、躯体的变化，记录下来，进入下一阶段。（到此将来访者的认知、情绪、躯体感觉作为整体，与此前的多维干预形成闭环。）

以上是以“环式问询”为基础的“自主咨询”的问询模式。在实际应用中，可以根据来访者的具体情况适度增减，但有几个环节不可缺少：1. 来访者随机选择中介物并叙述情绪和躯体感觉；2. 来访者猜测中介物的内容并解析含义；3. 来访者翻转中介物并解析翻转后中介物显示出来的内容的含义；4. 来访者描述翻转之后与此前的情绪和躯体感觉的差异；5. 中介物被翻转之后来访者对事件的体会的差异。

非专业心理咨询师，可以完全按照以上标准化的步骤和程序进行咨询，按问询顺序对来访者逐一提出问题或要求。虽然对于专业心理咨询师来说，标准化的提问可能在一定程度上限制了来访者的自我探索，但可以使这种咨询方式“走出咨询室，使得人人可用、时时可用、处处可用，最大限度地帮助普通民众调节小情绪”成为可能。

第一个 5 分钟的“咨询阶段”是“自主咨询”的主要阶段，来访者不良情绪的改变和不合理认知的转变主要发生在这个阶段。

二、环环相扣、前后呼应的问询机制

标准化的问询模式在心理咨询中之所以会起作用，与“自主咨询”的问询设置机制有关。

为提高咨询的有效性，第一个 5 分钟阶段“咨询模式”被分成五个步骤，每个步骤既环环相扣，又前后呼应，形成了一个“环式”的心理咨询问询模式，而非“链式”问询模式。这种以“认知—情绪—躯体”到“认知—情绪—躯体”为循环主线的“环式”心理咨询问询模式，打破常规心理咨询的思想壁垒，是“简单高效，人人可用”得以实现的金钥匙。

（一）由聚焦事件转而关注自我情绪

大部分接受心理咨询的来访者，都是带着一定的事件，并抱着想要解决这些事件的目的而来。他们常常会更关注事件引发的情绪，而忽视情绪与认知、行为、躯体感觉的相互影响，更是忽视了情绪在事件发生发展过程中的杠杆作用。

在常规心理咨询过程中，来访者的注意力大多聚焦外部——聚焦于事件，他们会非常详细地描述事件的细节和他们认为非常重要的相关信息；弱化了内部聚焦——聚焦自我，事件发生过程中自我的情绪改变、认知构架、思维过程、躯体感觉变化等等。也有些来访者能够关注到部分“自我”信息，例如，事件发生时自己的情绪，但他们往往不能把这些作为“内部”信息、“自我”信息的一部分，而是当作事件的衍生品。在“自主咨询”过程中，咨询师要做的第一件事就是帮助来访者改变聚焦。

咨询伊始，以“环式问询”为基础，来访者把对事件经过的聚焦转移到对事件引发的情绪和身体感觉，从外部到内部。

通常引起来访者情绪问题的不是事件本身，而是来访者对事件的认知。因此，回避事件经过，直接聚焦于不当认知引起的负性情绪，是可行的也是有理论依据的。事件本身是中性的，它对人们的影响取决于人们对事件赋予的意义。当来访者对事件做出负性解析，产生一系列的负性认知，这些负性认知又引起与之相关或看似与之相关的负性情绪，负性情绪影响来访者的认知、感觉和行为等。这个观点在被广泛接受的“合理情绪疗法”中也有体现。

情绪先于认知也是一种常见的情况。事件发生之前，来访者已经先有了负性情绪，受其影响，事件发生时来访者做出了与情绪相符的解析，对中性事件产生了不合理的信念；这种不合理信念又反馈给情绪系统，再次加深了负性情绪体验。这种更深的负性情绪和事件本身并没有因果关系，而是情绪作为杠杆影响了认知，又反作用于情绪。就像人们常说的“戴着有色眼镜”，负性情绪此时就是一副有色眼镜，在镜片后的所有事物都被染色。一系列的情绪变化又会影响躯体感觉和自主神经——心率、血压、肌肉紧张程度等都受到影响，情绪对认知、行为和躯体感觉具有调节作用。

聚焦于情绪而不是事件经过，并不意味着建立一座空中楼阁，切断情绪与其他心理特征和心理过程的联系，也并不意味着把情绪孤立起来，架空情绪谈情绪。相反，以回忆事件时产生的情绪体验作为杠杆，撬动来访者固化的思维模式，调整认知结构、躯体感觉和行为方式，是把情绪作为纽带和衔接，综合调动各种因素来解决问题。在此，情绪是作为解决事件引起的一系列身心反应的着力点和切入点，就像阿基米德撬动地球的杠杆，即属于这个力的系统，又可以传导力的作用改变其他事物的状态。“环式问询”构成的问询模式，就是作用在杠杆上的拉力。

“环式问询”带领来访者转变聚焦，结合可赋予含义的中介物进行思考和探索。作为中介物的事物需要有相应的功能和文化含义，“自主咨询”对中介物的要求在前一章中做了详尽介绍，例如扑克牌、文字、字母、棋类等都可以作为中介物，本章涉及中介物时将以扑克牌为例展开说明。

借助中介物的投射性、意义性、理解性、普及性、差异性等特点，来访者将意识之下的不合理的核心理念投射到具体的事物，即中介物上，使之具体化、意识化，成为可描述、可操作的实体，将无意识的、抽象的，变为意识的、具象的。因此，“自主咨询”的第一步就是引入中介物，这对帮助来访者排除外部因素的干扰、聚焦于自我关注和体验是具有引导意义的。

“自主咨询”会取得成功，除了巧妙地运用中介物，精准地聚焦情绪，还有赖于它聚焦情绪的同时也关注到了躯体感觉。

引导来访者体会事件所引起的身体感受，符合我国国情和民族特点。总的来说，中华民族长期受儒家文化的影响，是情感表达比较含蓄的民族，拥有集体主义思想优于个人主义思想的社会氛围，讲究内敛、低调，不喜张扬，甚至对情感暴露有羞耻感。人们往往不愿意直截了当地表达自己的观点和看法，也不愿意直抒胸臆地表达情感和情绪。但有些时候，这种含蓄、内敛、委婉、低调变成了压抑和抑制，进而转换为身体的各种不适感，有些严重的还可能转换为躯体障碍。因而，很多人对事件的反应不是情绪而是身体，尤其是对一些具有明显道德色彩或受社会主流评价标准制约的事件的应对方式，并不表现为明显的情绪变化而是体现在躯体感觉方面。

亲子关系中就常常会出现这样的情况。当子女对父母的一些行为或观念有不同观点，由于各种因素子女在这些事件中不能与父母达成一致，也无法改变父母的行为或观念，就可能发生矛盾，甚至可能产生对父母的不满情绪。例如在传统家庭中常见的重男轻女、废长爱幼等情况，就可能让家庭中的女儿或年长的子女产生认知冲突和不良情绪。有些人可能会选择各种方式向父母表达，以缓解或消除内心冲突带来的压力。但是受中国传统文化中孝道思想的影响，对父母的抱怨、反对、批评是背离道德和良心准则的，而子女与父母之间有些观念差异产生的矛盾又很难调和，也很难自我平复，故而产生了强烈的内心冲突。当这种冲突没有恰当的方法疏解，无论当面还是背后抱怨父母都是价值观中不可接受的，而潜意识里又并不赞同父母的行为和观念，于是这种冲突就转换了通道，以另一个方式表现出来——躯体感觉或躯体症状。

情绪对躯体的影响，不仅体现在心理学研究中，在医疗领域也很早就被关注到。被称为“医学之祖”的《黄帝内经》，就多次记载了情绪对躯体的影响。例如其中《素问·举痛论》就有记载：怒则气上，喜则气缓，悲则气消，恐则气下……思则气结。在西医理论中，临床医学也越来越重视心因性因素、心因性疾病对健康的影响，临床实践中已经将心理因素作为疾病诊断和治疗的重要因素。

包括我国在内的东亚和东南亚等以集体主义文化为主导的国家和地区，情绪转换为躯体感觉或躯体症状的情况更多一些。来访者的主诉往往是总感到躯体不适多次就医查不出与之相关的实质性疾病，也可能表现为已有疾病自我体验症状加重。这些躯体不适往往和一定的生活事件联系，当生活事件完结或改变，躯体症状也随之改变。

躯体症状可能不仅仅意味着疾病，也可能是在现实世界无法表达、被压抑在潜意识里的情绪和隐性记忆中的内心体验的躯体表达。在心理咨询过程中将躯体感觉和症状作为一个调节方向是有科学依据的，也是十分必要的。

“自主咨询”第一个 5 分钟阶段是帮助来访者改变视角，“跳出事件看事件”从“由内向外”到“由内向内”，即“以自我评价事件”的角度，到“以自我体会自我”的角度。以此为前提，就不会再局限于自我，可以在更广阔的世界里看待自己和事件。

（二）选择中介物，对所在的空间进行第一次命名

1. 来访者心里想着要解决的事件，仔细体会自己当下的情绪，并给当下情绪打分；

2. 来访者想着引起情绪的这件事，选择一个中介物代表这事件；（中介物背面朝上，看不到花色和点数。）

3. 来访者将中介物放在一定的空间中（例如桌子上。通常应避免有其他杂物干扰的环境，即桌子上没有其他物品）；

4. 来访者将注意力专注于代表事件的中介物上，体会当下情绪和躯体感觉；

5. 来访者猜测中介物内容（如扑克牌花色和点数）；

6. 当来访者在描述中介物时，咨询师提醒他仔细体会当下的情绪体验和躯体感觉；

7. 所猜测的中介物对于来访者而言代表什么含义（例如，来访者猜测中介物为方块 10，方块 10 对来访者来说有什么意义，或他认为在所有扑克牌中方块 10 的意义，或能联想到什么，等等）；

8. 来访者为中介物所在的空间命名（桌子和扑克牌方块 10 构成的空间）。

负性情绪像是一种注定亏本的投资，它需要很多成本，比如时间成本、经济成本、能量成本、社交成本、形象成本以及健康成本等。这些成本的投入不仅不能带来良好的收益，还可能会让人付出更惨痛的代价从而产生继发成本，是做了折本生意，可谓是“赔了夫人又折兵”。但为什么来访者很难终止这种情绪呢？

来访者的负性情绪往往来源于对事件的执着，导致注意狭窄，强迫思维，也就忘记了事件之外还有一个无限延展的世界。在“自主咨询”中，咨询师借用中介物可赋予含义的特性，引导来访者以中介物为媒介，突破思维禁锢，把集中在事件和负性情绪的注意力和能量，扩展到更广阔的世界里。

在咨询开始时，来访者已经从关注事件转而关注自我情绪，并为自己当下的情绪评分。评分的作用有两个，第一，有助于来访者集中注意力，迅速进入咨询状态；第二，咨询前的自我情绪评分可以作为咨询成果的量化标准，为咨询后的自我改变提供一个具体的参照。

评分之后，来访者首先要随机选择一张扑克牌代表事件（这时候扑克牌背向来访者，不能看它的点数和花色），再把这个代表了事件的扑克牌放在桌子上。这是一个很简单的动作，几乎所有来访者完成这个动作都没有困难，但这个简单的动作却传递了一个很强烈的信息，也是一个非常有效的心理暗示——把事件放在世界中。扑克牌代表事件，桌子代表与事件有关和无关的环境，是更广阔的世界。

当代表事件的中介物，被放在一个空间中，事件（扑克牌）不再是孤立的，它与空间产生了联系。也许经过思考，来访者选择了一个认为合理的位置；也许他并没有经过思考，只是受潜意识的引导将事件（扑克牌）放在了一个他感到舒适的位置。无论是否是意识行为，当来访者将扑克牌放在桌子上的时候，空间观念就已经产生了。

在这个世界（桌子）中，来访者将事件（扑克牌）放在距离他的身体比较近的一端还是比较远的一端？是放在来访者力手的一侧还是非力手的一侧？放置的动作比较轻还是比较重？放置的时候是经过几秒钟的停留还是迅速放置的？这些都能反映出来访者的心理状态和变化，同时也是在诱使来访者思索事件（扑克牌）与世界（桌子）、与自己的关系。有些来访者还可能会征求咨询师的意见——放在哪？随便放吗？放哪儿都行吗？也有些来访者表现得非常随意，可能在放置过程中有抛、扔等看起来不在意的动作，这些都是来访者内在心理反应的投射。

仅仅完成了这个动作，来访者的转变就已经开始了，把对事件的绝对关注，转为对事件与世界和自我关系的关注，也就把全部集中在事件（扑克牌）的能量分散到事件与事件之外——扑克牌、桌子和自我。

选择了扑克牌之后，来访者要猜测扑克牌的内容和颜色，思考事件（扑克牌）对自身的影响，继而解析事件的意义。

中介物是具有一定文化含义的事物，无论哪一种中介物承载的不同信息——扑克牌的花色和点数、任意文字或字母等——对于不同人都可能有不同含义。例如扑克牌中黑桃 2，对于一个人来说，黑桃可能意味着黑暗、压抑，对于另一个人来说，可能意味着权重高；点数 2，有人理解为数值小、缺少价值，也可能有人理解为幼齿、可塑性，等等。来访者对代表事件的中介物的猜测，实质体现了他对事件的认知和情感。

这个步骤是运用了投射测验的表露法，让来访者以扑克牌为媒介，自由表露回忆事件时的心理状态和躯体感受。猜测扑克牌的目的不在于猜，而在于借助中介物将对事件的各种心理过程、心理状态具体化、语言化。

人们的心理状态和心理过程常常是抽象的，难以用语言文字表达。将这些难以用语言表达的感受，结合来访者对中介物（扑克牌）具有的意义的理解，用具体事物——中介物（扑克牌）的象征意义表达出来就较为容易。来访者解析他猜测的扑克牌代表的含义，就是在梳理核心观念，将没有意识到的对事件的理解和一贯的思维模式具体化、条理化、语言化，让它们成为可意识、可感知、可描述的事物，便于进一步加工和重建。

这是一个将抽象感觉转换为具象事物的过程。

当来访者为中介物所在的空间结构第一次命名时，就开始放大视野，将事件（扑克牌）放在世界（桌子）之中，思索它与世界、与自我是什么关系。

此时，虽然来访者对事件的原有认知还没有解构，但视角已经发生改变。从最初将自我放置在事件之中，作为事件的一个元素，转变为脱离事件，站在事件之外来观察事件。此时，来访者的注意力也不再仅仅局限于各个独立元素，包括事件相关的、事件之外整个世界的、与事件和世界都密切联系着的自我的，无论来访者是否意识到，在他开始思考如何命名的时候就已经在思索各个元素之间的关系。

来访者对给中介物所在的空间命名，需要将视线离开事件（中介物），开阔视野，观察它与世界（中介物所在的环境）的关系。来访者也必须停止对事件的思维反刍，思索事件以外的事物，将此前全部聚焦于事件的能量分布到整个空间，注意分配将逐渐趋于合理。

命名是一件非常重要的工作，是用高度概括的语言表现多方面的内容，是一个对事件本身和与之联系的多个因素进行深度思考和加工的过程。命名能体现事件对来访者的影响和来访者对事件的态度，能反映情绪和感觉，也能体现来访者对事件在他生活中重要性的评估，还可以体现来访者对各种关系的处理能力，等等。

命名，具有概括的意义。想要为一件事物命名，需要对它有一定的理解或进行探索，产生一个浓缩的、简洁的、综合的评价，去掉了繁枝末节，留下最贴切、最有代表性的概括，并最终凝练成文字。命名，本质上是来访者对事件产生影响的最精炼的概括。

第一次命名在“自主咨询”中起到整合作用，来访者将事件、情绪、影响、关系、自我等多个因素用最简练、最概括的语言表达。命名的结果，既是对过去的总结，也是未来咨询工作的目标，是改变认知、自我成长首先要面对的问题，它为接下来的改变做了准备。

“自主咨询”第一阶段的第二步促进了来访者的思索，调整了来访者对事件及相关情绪、感觉等的注意力和能量分配，带动来访者以更广阔的视角和心态来看待事件，对动摇和改变不合理核心观念起到了重要的、奠基性的积极作用。

这个阶段是来访者转变观念的心理准备阶段。

（三）翻转中介物，进行自我心理重建

1. 来访者翻转中介物，观察内容（翻转扑克牌，看到花色和点数），同时体会看到中介物实际内容的瞬间，情绪和躯体感觉；

2. 用语言描述情绪和躯体感觉；

3. 叙述实际看到的中介物代表什么含义（例如实际是黑桃 3，它对来访者来说有什么意义，或来访者认为黑桃 3 在一副扑克牌中的作用或意义，或关于黑桃 3 来访者能产生哪些联想，等等）。

翻转中介物是具有转折意义的步骤，是“自主咨询”核心技术的体现。

翻转中介物是一个具有象征性的行为，动作本身并不具有特殊意义，意义在于以行动带动思维，实质是思维转变，是来访者

不合理核心观念的动摇。

“环式问询”要求来访者体会翻转中介物的一瞬间情绪感受和身体感受的变化，这个要求具有暗示作用，暗示翻转中介物会带来与之前不同的体会。“翻转”的作用不仅在于动作的暗示性，也符合来访者自身“想要改变”的动机和需要。事实上，来访者来到心理咨询室或参与心理咨询的行为本身，就已经表明了来访者具有“想要改变”的意愿和心理预期。所以，当被要求翻转中介物时，来访者本身也有期待，这个动作促进了来访者积极地自我探索和自我改变。“自主咨询”利用了对来访者的心理暗示和来访者自己的心理期待来完成动作，转变思维。“翻转”以行动带动思维，在“自主咨询”中的作用是有心理依据的。

来访者无意识地接受这个暗示以满足自我期待，在动作之前就酝酿着对事物的新的认知和情绪体验以及由此带来的不同的躯体感觉。运动中枢、感觉中枢、视觉中枢等多个感觉通道都高度聚焦于这个翻转的动作，情绪情感体验、抽象和概括等大脑更高级的神经活动也都指向了这个动作。

虽然来访者的注意力都聚焦于某一事物，但此时对动作带来的不同体会的聚焦，有别于咨询之前来访者对于事件引起的冲突和负性心理的聚焦。此时对动作的聚焦是注意的专注，注意是稳定的，是有意识的注意分配；咨询前来访者对事件的高度关注，是思维反刍式的，是被动的、强迫的，是对注意的干扰，是不稳定的注意分散。所以，虽然都是对事件的聚焦，但此时是建设的、积极的。

翻转中介物，除了让来访者产生内在变化的心理预期，还对“自主咨询”的成功起到至关重要的作用——解构与重建。“翻转”这个过程其实是两个动作，一个是“翻转”，一个是“安置”，也就是“翻转中介物”和“将它平稳地安置在相应的空间内”。

“翻转”意味着打破旧有结构，解构原有思维模式。在“自主咨询”的过程中，虽然没有用语言的方式来明确描述来访者的不合理核心理念，但它一直影响着来访者的思维和行为模式，影响来访者对事件的判断和解读。“翻转”就是在来访者的潜意识中质疑和推翻原有不合理的核心观念。在前一步骤中，来访者已经为事件和世界（扑克牌和桌子）命名，对于来访者来说，这两者已经形成一体，有了稳定结构，对已经命名的结构做出任何动作，产生任何改变都是一种扰动。这种扰动改变了来访者对空间（事件与世界）的能量分布和关注度水平，也促进了其对该事件的思维和认知的改变。

当然，仅凭“自主咨询”的短暂咨询过程，彻底改变来访者的核心理念是有困难的，但帮助来访者改变某一或某类事件的认知理念、松动或质疑不合理的核心观念是可以做到的。对一个事件的松动，就意味着一个例外的出现；有一个例外就意味着一个新的处理方式，一种新的思维模式。聚沙成塔，有了第一个例外就可能出现第二个例外，这对来访者学会如何获得更多的改变，经过更多努力最终推翻不合理的核心观念，是具有里程碑意义的。

“例外”本身符合来访者“想要改变”的心理预期。“期待被满足”将成为奖赏，增强来访者的内在动机，促进现有不合理观念的解构、合理思维模式的建立，并以此为基础在生活中建立合理的行为模式。这就是“翻转”这个动作的核心功能。

来访者翻转中介物的动作会带动思维的转变，这与来访者在此前对中介物的推测是否准确无关。

来访者在翻转中介物（扑克牌）前，内心对是否和自己的猜测相一致有了心理期待，无论扑克牌与来访者的预估是否相同，都会促成来访者对事件的再思索。

在没有看到扑克牌前，来访者在头脑中的猜测是对表象的加工，而最初的猜测所依据的感受，是建立在来到咨询室后对事件的初次评估的基础上，是来访者还没有在咨询师的引导下跳出事件、改变视角的时候，它和直接的视觉刺激给人的思维线索是有差异的。当翻转之后，来访者的能量分配开始被扰动、注意力重新分配、不合理的核心理念开始松动。此时已是“物是人非”，即便对中介物的推测正确，来访者也已经不是刚刚进入咨询室的来访者了。中介物（扑克牌）与预估相同，可以帮助来访者在相同情境下解析事件新的意义，并促使来访者形成全局观。预估相同可以增加来访者的自信，坚定他解决问题的信心和自我认可程度。所以，即便是中介物（扑克牌）与来访者的预估相同，也会促进来访者思维的改变。

如果中介物与预估不同，会使来访者感到意外。在翻转中介物时，来访者通常心理带着期待，更多的是期待着和自己的推测不同，因为来访者有改变的意愿和动力。当真的看到了差异，又会产生意外，这种意外对认知具有一定的冲击作用，促进来访者重新评估事件。中介物新的内容也提供了新的线索，来访者会自觉地对新内容赋予意义，自觉地对中介物代表的事件进行思维加工，以对中介物内容的解析为蓝本对事件也赋予新的意义，获得新的认知体验。这里，中介物（扑克牌）的真正内容并不重要，因为无论是什么，来访者都会给它赋予自己理解的意义，而这种理解，就是来访者对事件、世界、自我的重新解读和构架。

解读中介物（扑克牌）的过程，是来访者借助中介物（扑克牌）表现自己能动性的过程，将人格中积极的一面表现出来。来访者本身是有能动性的，有自我完善的意愿和能力，只是在处理某些事件的时候，由于一些因素的限制，影响了他们能动性的体现，也影响了他们形成合理的思维构架，因而产生了认知偏差，也产生了不良情绪和躯体感觉，等等。在“环式问询”的引导中，来访者的能量、视角和思维都已经发生了变化，局限他们思想和能动性的认知禁锢已经松动。当中介物翻转之后，来访者通常会以积极的心理倾向来解析它的含义，赋予它新的、积极的、正向的意义。

这种积极的能动性不仅表现在对代表事件的中介物的解析，也表现在对整个空间结构的解析，例如对扑克牌与桌子的关系的分析。来访者在原有思维模式松动之后，对世界的态度也在发生改变，使得对抗性下降，沟通的意愿增加，更倾向于以旁观者的视角来看待事件（扑克牌）与世界（桌子）构成的整个空间结构，使得包容性增加。

事件没有改变，环境也没有改变，但来访者对它的理解和解析发生了改变，这源于来访者认知的变化。由于此前的干预，限制来访者思想的壁垒被打破，来访者获得纠正认知偏差、建立积极思维模式的能力。于是，仅仅通过翻转中介物和简单的相关问询，来访者就完成了积极的心理建构，形成新的、合理的认知体系，促进核心理念的松动和重组。

因此，这个过程是来访者不合理核心观念松动，对事件认知心理构架重组的步骤。

（四）再观自我身心，体会翻转中介物前后的差异

1. 看到实际的中介物与猜测的中介物给来访者带来的情绪和躯体感觉的差异；

2. 来访者再次回忆事件，体会有什么情绪和躯体感觉；

3. 叙述与“自主咨询”前想到事件时感觉的差异。

在这一步里，来访者再次聚焦情绪和身体感觉，觉察与前次在情绪和躯体感觉上的差异。

“自主咨询”的核心理念就是运用情绪的杠杆作用，调整身心，包括躯体感觉和心理状态，它对情绪的处理是贯穿始终的，有时它是显性的存在，有时它是隐性的存在。

通过上一步骤来访者翻转中介物，他对事件的认知和情绪发生了重组，因此，无论是意识还是潜意识都会影响来访者的躯体感受。因为通过重组，一些潜意识的影响因素已经意识化，还有

一些因素在认知和情绪的调节系统中也已经被加工发生了改变，因此也就改变了它所影响的躯体感受。

由此可见，情绪这个起到杠杆作用的因素在身心体系中被调整，不仅影响认知，躯体感受改变也是必然结果。

思维重组在前一步刚刚发生，咨询师马上引导来访者再次体会情绪和躯体感受，这个步骤的设置不仅是感知咨询带来的变化，还有巩固咨询成果的作用，体现在两个方面——实体化和具体化。

这一步意义重大。从神经结构角度来看，正性认知和情绪体验刚刚形成，还是一个虚无缥缈的感受，细若游丝，若有若无。此时的改变还没有形成巩固的神经链接，依然在工作记忆中，没有形成长时记忆，很容易消退。

类似情况在日常生活中经常出现。小学生上课，老师讲了一种新解题方法，学生们听了之后感觉自己完全掌握了，但自己做题的时候，就想不起来或者出错。这种现象在心理咨询过程中也会出现，只不过小学生学习的解题方法，改变的是知识体系，来访者学习的是合理认知和良性情绪，是另一种心理和思维体系。

小学生和来访者都需要将若有似无的新经验同化到已有图式中，和图式中的其他内容建立联系形成线索，就需要将它实体化。运用刚形成的合理认知解决具体事件，是合理认知构架实体化的途径——对于小学生来说，是及时用新方法做练习题，对于来访者来说，是及时解决与新经验相关的具体事件。在“练习与应用”过程中不断强化，刺激神经系统，促进神经元之间突触链接，形成相对持久的信息传递结构。

这不仅是通过练习促使刚形成的神经链接巩固的实体化过程，也是一个从抽象的感觉到解决具体问题的具体化过程。摆脱原有的不合理认知体系建立起新的合理认知，最终目的是在合理认知框架下解决实际问题，认知体系是抽象的，实际问题是具象的。如果认知不能解决实际问题，那就毫无意义。

怎样让来访者在短时间内学会用刚刚建立起来的认知体系解决实际问题？最为简单直接的方法就是用刚刚学会的“新的解题方法”，自己做一遍“例题”，“例题”就是来访者带到咨询室中的具体事件。用重新建构的“认知—情绪—躯体感受”体系解决困扰来访者引发情绪的具体事件，既完成了咨询目标，又帮助来访者建立信心——那个令人身心俱疲的“难啃的硬骨头”，此时已经可以应对。

把经过重组的思维构架实体化、具体化到引发情绪的事件中，解决最初的事件，这样做既可以消除事件对来访者的不良影响，也练习了运用新经验解决问题，强化了思考问题的新思维模式和解决问题的新方法。来访者学会运用这些能力，以便在离开咨询室之后也能自我成长。

这个步骤是来访者学习运用新思维体系解决实际问题的过程。

（五）以全局视角，对新认知重组的空间命名

1. 来访者再次为中介物所在的空间命名（桌子和扑克牌黑桃

3 构成的空间）；

2. 来访者描述再命名和第一次命名整体感觉的差异；

3. 来访者再次为自己当下的情绪打分。

这是“咨询阶段”的最后两步，来访者以全局视角，对经过认知重组的空间结构重命名，并在咨询结束时对自己的情绪进行第二次评分。

在第一次命名之后，经历了“翻转”和“体会”两个步骤，来访者的思维体系中，事件、世界和自身都发生了变化。对于来访者来说，这些因素的能量、关系、比重、格局等在第一次命名之后都受到了扰动，因而中介物与环境（桌子）构成的空间结构及它们在来访者心中所代表的因素，这时是松散的、疏于联系的。

无论是解决事件、产生感受或是学会解决问题的方法、建立思维模式，如果不和环境建立联系，它就是孤立的、分离的、狭隘的，作用非常有限。因此，要在孤立的元素间建立联系，使事件、世界、自我之间松散的结构变得紧凑。

要想在各个孤立元素之间建立联系，最直接简单的方法就是命名。来访者在给中介物所在的空间命名的时候，就已经在思考和体会所有元素的关系了，当然，这个过程可能是意识层面的，也可能是意识层面之下的。无论这种思索是意识层面还是意识层面之下的，只要完成命名，就意味着完成了认知、情绪、躯体感觉的改变，同时对各元素之间相互影响和关系做了综合性评估和总结，并对所有结果进行抽象和概括，用最简单的语言高度精练地表达出来。

“再命名”需要全脑参与，是多个神经中枢和脑区联合工作才能实现的。这个过程是对事件的认识和理解、对情绪变化的觉知和对躯体感觉的体验等进行信息加工，涉及视、听、感觉、运动、语言等神经中枢，也需要记忆、注意、情感等多个脑区联合参与。这种对信息的深加工过程，能够促进神经元形成永久的突触链接，使来访者真正“记得”这些新的认知经验和情感体验。“记得”对咨询结束之后将它们有效地应用在日常生活中提供了必要条件，也对前面所取得的各种咨询成果起到了整理和综合的作用。

在第一次对空间结构命名之后，在“环式问询”的框架里，来访者实际上是又一次把目光和体验对象放在了个别元素，使视角又变得狭窄了。再命名的过程是再次放大视野，再次观测全局的过程，实质是来访者在经过了原有认知解体、思维重组之后对事件和世界的重新认识。

通常来访者对自我认知的改变是有重新期待的，当认知不再受负性情绪影响时，这种期待就在全局观中体现出来，在命名时表现出积极的心理状态。但这次的期待和第一次全局视角看世界（第一次命名）时的期待有差异，来访者第一次从事件内部转移到事件外部观察事件与世界的关系，是在核心观念松动之前。虽然当时来访者的视角有了变化，但是思维方式并没有改变，对事件和世界的分析依然受负性观念和不合理认知的影响。“再命名”是再一次全局视角，也就是在“咨询阶段”接近尾声的时候，不良情绪已经改善，杠杆调节功能已经有效发挥作用，思维重组完成，负性核心观念松动，再以全局视角看待同一事件和这个事件所在的“世界”，会有全新的认识和理解。

例如，在咨询之初，来访者对事件理解的投射为“黑桃 3”，他对事件的描述和感受是压抑的、局促的、无力的、令人紧张的、如芒在背的。经过了前面四个步骤的干预，来访者建立了新的认知框架，经历了新的情绪体验。来访者对“黑桃”有了另一种认知——在有些游戏规则中“黑桃”是“权重最大”的花色，不再有窒息压抑的感觉；“3”也不再被理解为“渺小、无力、需要更多努力也不如别人”，它可以是灵活的、积极的、活跃的、优先的，等等。与之相应的，事件从来访者认为的“剪不断，理还乱”烦躁而又无序的状态，变成了“可以改变的，可以有不同理解的，影响是可以控制的”。显然，在两种不同情绪和认知状态下，人们对同一件事的期待是有差异的。

这些改变也可以用更具体的评分的方式来体现。在咨询刚刚开始时，来访者对自己的情绪做了第一次评分，其作用是聚焦情绪和树立标准；在咨询阶段结束之前（或反馈阶段的）的第二次评分同样具有聚焦情绪的作用，但更重要的是在聚焦和比较中觉察由咨询给自己带来的改变。用语言描述心理与身体的具体体验变化，其缺点就是不够准确，特别是对情绪这类比较模糊的事物，单独用语言描述略显空洞，无法体现量化的变化，而前后评分对比，就可以明显看到咨询后的效果与改变。由于“自主咨询”用时很短，细致而量化地描述自我改变，可以帮助来访者觉察到这些改变都是真实的，是自我努力的结果，有利于来访者自我肯定，增强对咨询成果的信任度，并增强处理类似事件的信心。

第一阶段的结尾也是第二阶段的线索，是请来访者体验整个咨询过程中认知、情绪、躯体感觉的变化，并在第二阶段梳理、记录下来。在此，来访者又将自己的情绪作为一个整体，与咨询之初的整体感受做比较，正好首尾衔接形成一个“闭环”，使来访者感知到在“环式问询”体系中的螺旋式自我成长，且这种成长可以不断发生，无论是当下还是未来。

在咨询室中，借助于中介物所在空间的全局视角是具有指代性的，可以帮助来访者将咨询室里的收获放大到真实生活中，既是对前几个步骤成果的巩固，也是将成果应用于实际生活的演练，具有具体性、实操性、针对性、联系性的特点。

全局视角，重新命名，是对“自主咨询”的第一个阶段——“咨询阶段”的有力的强化，把此前认知、情绪、身体感受的变化进行高度概括性总结。

这一步是来访者对前面四个步骤成果转化的体现。

三、咨询阶段小结

来访者在这5分钟里的转变，并不是咨询师与来访者闲聊的结果，而是强大而坚实的心理学理论对实践发生的作用。

在“环式问询”为基础的标准化问询模式里，来访者产生新的情绪和身体感受，重新观察和感知中介物和所在环境，以多元视角探索事件和世界、自我的关系，思索一个事件可能的认知差异，重新认识事件，建立新的、更合理的认知体系。牌还是那张牌，桌子也还是那张桌子，看牌的人也还是那个看牌的人，只是经过了 5 分钟的“环式问询”框架下的自我探索，对事物的态度就发生了根本的改变。

第二节　第二个 5 分钟——梳理阶段

第一个 5 分钟的“咨询阶段”结束之后，进入第二个 5 分钟——“梳理阶段”，这是来访者反思与梳理咨询成果的阶段。在这段时间里，重点工作是总结和巩固咨询成果，强化新的思维构架和核心观念。

一、由来访者独立完成

“梳理阶段”对过程的要求十分简单，来访者独自在一个较为安静的环境里，用 5 分钟左右时间，以书写的方式梳理和记录前一个阶段的体会和改变。

“自主咨询”的重要特点就是时程极短，真正用于对情绪、认知等进行干预的时间——也就是“环式问询”引导来访者思考的时间——只有“咨询阶段”短短的 5 分钟左右，这是它显而易见的优势，也是它不可回避的劣势。它的优势在于短小灵活、高效聚焦，对环境和使用人员要求低。但同时也很容易发现，恰恰因为用时过短，来访者没有足够的时间深刻而细腻地体会自身变化，情绪和认知改变由于强化不足没有形成长时记忆很容易消退，这些都可能会使来访者在离开咨询室之后又退行到原有的思维模式和行为方式中，从而导致咨询成果实际应用价值、外部效度降低。那么，该如何在短暂的时间内有效强化咨询成果，巩固认知变化，使新建构的认知框架更好地融入已有图示？这都是咨询师和来访者共同面对的问题。

“自主咨询”借鉴了“焦点解决短程咨询”的结构，在咨询5分钟之后，为来访者安排了5分钟左右的独处时间，用于梳理“咨询阶段”的自我改变和咨询收获。这个安排是对前面咨询成果的有效强化策略，由来访者独立完成。

二、咨询师需要注意的问题

梳理阶段由来访者独立完成，并不意味着心理咨询师什么都不做，咨询师要注意以下几个问题：

第一，咨询师要提供一个安静的环境，以便来访者能良好地保持注意力不被干扰；要给来访者提供必要的工具，如书写流畅的笔、整洁的纸张等，避免无关因素对来访者思维和情绪造成干扰。

第二，要让来访者带着一定的线索思考和梳理。不同来访者思维水平和逻辑能力有差异，咨询师根据具体情况可以给来访者一些思路和线索，让他可以有效利用时间，按一定顺序、内容及方法梳理自己的情绪、认知、躯体感觉等方面的变化和收获。例如，提示来访者可以将情绪、认知、躯体作为心理体系进行多角度综合评价，可以就当下感受表达出最想表达的心声，也可以对具体事件反思和总结，等等。根据不同来访者的特点，咨询师可以给出不同建议。

第三，要让来访者以书写的方式，以条目的形式进行记录梳理，这对强化成果是有重要作用的。有时来访者可能会表现出一定的抗拒，想要通过口头叙述的方式总结和表达。这时候可以做出适当的解释——书写的方式可以产生更深的体会和信息加工，对咨询成果的巩固和应用具有重要意义。如果来访者坚持以口头叙述的形式完成这个阶段的任务，咨询师要尊重来访者的意愿。此外，有些特殊情况的来访者，如残障人士、书写困难等自己无法独立完成书写，需要协助的，咨询师应为来访者提供必要的帮助。

第四，在来访者进入独处状态之前，咨询师要注意给来访者以适当安抚的心理暗示，表示虽然来访者要独自度过 5 分钟反思与梳理阶段，但这之后咨询师还要和来访者一起交流结果，避免有些来访者产生被忽视甚至是被遗弃的不良体验。还有一些来访者会有一定的误区，认为心理咨询必须在有咨询师在场的情况下进行，这时咨询师要耐心介绍和解释，帮助来访者了解心理咨询的相关信息。

第五，咨询师要和来访者做出明确约定何时结束这个过程。可以以时间为约定，例如双方约定书写的过程要在 5 分钟完成，同时为来访者提供一个计时器或沙漏等方便计时的工具，作为一种限制促使来访者在约定时间内完成任务；也可以以来访者书写完毕为约定。这种限定是开放式的，来访者根据自己的实际体验，充分思考和总结。但要注意由于整个咨询过程时间较短，最好和来访者共同约定时间范围，以 5 分钟左右为宜，这样既让来访者掌握了结束这个阶段的主动权，又可以让来访者有效使用时间，使得来访者可以获得充分表达，不会因时间的压迫感而产生焦虑，又可以感到自己掌握主动权是一种自主行为，而不是被要求完成任务的被动行为。

三、梳理阶段的特点

梳理阶段是来访者思考问题、回顾各方面的变化，总结前一阶段的咨询体验，并以文字形式书写下来的阶段。梳理阶段有三个特点：

第一，来访者以书写的方式记录咨询感受，是对信息进行更深度加工。

虽然文字是较晚出现的人类语言形式，晚于语义和语音等，但文字的加工深度最深。更深层地认知加工，能更有效地促进来访者刚刚形成的情绪体验和认识模式由短时记忆进入长时记忆。因此，以文字的形式加工相同内容，和语音加工形式相比，是更深层的强化，也会对加工的内容产生更细腻的情感体验和更深刻的认知经验。

另外，有时候人们会体验到一些若有若无的信息，如果有意去捕捉这些信息，就可能将它们意识化。文字比语音有更理性的、更具逻辑性的特点，使用文字可以反复修改斟酌用词、不断自我体验加深理解，能将介于潜意识与意识之间似是而非的感觉、知觉、认知和情绪情感等意识化。

文字的形式是加深信息加工水平，促进无意识意识化、加强长时记忆的有效策略。

来访者尽量以文字的形式记录，是梳理阶段对咨询成果的重要的强化策略。

第二，梳理过程是调动多个神经系统协调工作，是在更广泛的脑区中对信息的处理和加工。

体会“认知—情绪—躯体感觉”的变化和以文字的形式输出，需要多感觉通道的参与，不仅要有语言中枢参与，还需要与语言相关的各个中枢：视觉中枢、听觉中枢、运动中枢、感觉中枢、记忆中枢等多个神经中枢联合，由前额叶等区域协调这些脑区对输入的信息进行整合、加工和存储，涉及多个脑区、联合区，需全脑运行才能完成工作。因此，从信息加工角度讲，梳理是对信息的有效处理，信息输入进入工作记忆，在工作记忆中由多个环路进行加工，例如语言环路、视觉画面、情感存储以及类似事件在记忆中的已有图示，等等。在经过工作记忆加工之后，信息以语音记忆、语义记忆、情绪记忆、图像记忆等多种记忆形式进入长时记忆，任何一种形式的记忆提取都可以作为线索获得良性经验解决类似问题，也可以改变类似事件的不合理认知模式和不良处理方式，继而影响来访者在未来的生活。

多通道加工是有效的强化形式，这种调动了广泛脑区的全脑信息加工处理方式为“自主咨询”的高效性提供了生物学依据。

第三，在经过5分钟咨询刚刚产生成果的时候，短时间内开始记录，符合遗忘曲线增强记忆的规律。

按照艾宾浩斯遗忘曲线所显示的记忆规律，记忆消退先快后慢，在形成记忆之后越早强化记忆就越牢固。对于来访者而言，在新思维方式、认知方式、情感体验、身体感受刚刚形成还没有产生遗忘的时候，马上进行以文字书写为主的全脑参与的多种感觉通道的强化记忆，可以加深并巩固记忆，不易消退。并且，多感觉通道协同的强化记忆在一定程度上可以促进各种新经验与这个事件的相关记忆进行连锁，为之后将这些经验应用在生活中处理相同或相似事件提供多通道记忆提取线索。记忆提取线索越多越容易回忆，来访者在获得任何一个线索的提示时都可以提取其他与之相关的问题解决的信息，这也是增强记忆的一种重要方式。

情绪、情感、感觉，人、事、物、时、景等多种记忆都可以被连锁。例如人们常说“妈妈的味道”，就是对人的记忆与对味觉的记忆连锁，获得某种味觉就会触发与这个味觉连锁的其他记忆，比如对人——妈妈的记忆。

这个阶段是来访者梳理的过程；是多感觉通道的及时强化，帮助来访者巩固新经验的过程；是来访者个人成长和咨询收获由潜意识到意识，由工作记忆进入长时记忆的过程；是来访者在离开咨询室后可以将在咨询室中得到经验应用于生活的过程。

第三节　第三个 5 分钟——反馈阶段

来访者经过咨询和梳理两个阶段，在情绪、认知等方面已经发生改变，形成了一定的咨询成果，并经过了初步巩固。在结束梳理之后，就进入了“自主咨询”的最后一个 5 分钟阶段——反馈。

这是“一刻钟”所包含的“三个 5 分钟”中的最后一个“5 分钟”，包括两个步骤，第一步是来访者汇报，由来访者口头汇报梳理阶段的书写内容；第二步是咨询师对来访者的反馈，即对来访者在反思与梳理过程中存在的困难和疑惑的反馈，并和来访者协商家庭任务，帮助来访者进一步巩固咨询成果，使之被更好地应用到实际生活中。一种方法在实际生活中的应用程度决定它的外部效度，也决定了它是不是一种好的方法。“自主咨询”自始至终都十分重视将咨询成果有效地应用于真实生活。

一、来访者汇报记录的咨询体验

来访者将“梳理阶段”记录的咨询体验口头汇报给咨询师，

来访者可以直接朗读自己书写的文字，也可以用口语表达内心体验。有些来访者可能会表现出特别抗拒，非常不愿意表达，此时要尊重来访者的意愿。对于来访者坚持不愿意表达的原因的探索，要以来访者为中心，可以根据双方的时间情况协商安排常规咨询。

汇报阶段有两个作用，一是帮助咨询师了解来访者的咨询成果，了解来访者在哪些方面有了收获和变化，同时注意来访者有可能存在的问题，可以在这 5 分钟里引导来访者及时解决。

心理咨询师要关注来访者的情绪变化。由于“自主咨询”时程很短，在来访者的诵读或叙述咨询体验的过程中，咨询师要格外关注来访者情绪的变化，如果来访者出现难以自我抚平的情绪体验，咨询师不能拘泥于时间或其他因素的限制，要以来访者的利益为中心，帮助来访者及时处理异常情绪。由于“自主咨询”本身的特点和适用性，来访者通常处理的都是一些对生活和自身影响不大的情绪事件，但也有一些来访者可能被唤醒更深层的情绪体验，来访者在当时的情境下难以自我平复，就需要做更深入的咨询。

在关注来访者情绪的同时，咨询师还要关注来访者的世界观是否符合社会评价，如果严重偏离社会标准，咨询师要为其做出适当调整。在此要注意，如果不是严重偏离社会评价标准，或有可能造成社会危害、自我或他人伤害等，咨询师只需要简单提醒或调整，因为改变世界观并不适合在“自主咨询”中实现。“自主咨询”的咨询目标非常明确——解决生活琐事引发的情绪问题，是解决小问题的短时程方法，并非所有情况都适用。如果咨询师经过评估，认为来访者确实需要发生更多的改变，可以和来访者协商转为常规咨询或长程咨询。例如，如果来访者因对自己上司非常不满来访，表示“这种人就不应该在世上出现，早就该死”，并表示“自己打算替天行道灭了这个人”，或是“我已经买好工具，知道他的上下班路线”，等等，就要引起咨询师的高度警惕，即便“自主咨询”已经进入尾声也必须马上进入常规咨询，转变来访者严重偏离社会普遍道德和法制标准的信念和价值观，避免造成他自己或他人的危害。但如果来访者表示“这种人就不应该在世上出现，早就该死”并表示“如果不是杀人违法，我真想宰了他”，这就表示来访者的价值观仍在社会普遍评价标准范围内——人的行为受法律约束，咨询师在“自主咨询”过程中就不需要过多干预，如果双方认为有必要干预可以协商在另外的时间进行。

由于“自主咨询”没有安排来访者讲述引发情绪的事件经过，虽然大部分来访者在咨询之后，在情绪和认知上都会发生改变，不会再有想要讲述事件经过的冲动，但并不排除有些来访者依然难以压抑倾诉的意愿。遇到这样的来访者，咨询师可以让来访者用简短的语言概述事件经过，对于来访者，这也是治疗的一部分。无论是“自主咨询”或是常规的心理咨询，帮助来访者是首位的，永远以来访者为中心，咨询师不应过于追求时间和程序设置而忽略来访者的感受。

来访者汇报的另一个作用就是再次强化咨询成果，帮助来访者加强记忆，加深体验。

来访者汇报的口头表达，也是再次回顾和体验的过程，是反复强化和深化记忆的一种方法和策略。梳理阶段来访者运用了文字记录的方法，删反馈阶段来访者以语音的方式再次梳理和表达，既是强化次数的增加，又是多感觉通道的输出和输入，记忆更加深刻。

二、咨询师对来访者汇报的反馈

反馈阶段也包含咨询师对来访者的反馈，包括两方面内容：一是咨询师找出来访者在梳理阶段遇到的问题或困难，并共同解决；二是咨询师根据来访者的问题、在咨询室中的各种表现、咨询成果和个人能力等，和来访者协商实际生活环境中完成的家庭任务——是来访者可接受、可完成的。

来访者在梳理阶段，可能会出现一些问题和困难，比如引起了新的情绪，或想到了新的问题亟须解决，如果出现这些情况，咨询师要给予适当的引导和帮助，及时处理和反应。

来访者经过前两个阶段的咨询和梳理，在认知、情绪等方面会发生一定的转变。在咨询室里的转变固然重要，但更重要的是在生活中的转变，也就是如何让来访者把咨询室中取得的成果应用于生活。要做到真正的改变，有效练习必不可少。咨询师与来访者协商实际生活中要完成的家庭任务，就是帮助来访者建立良好习惯的有效练习。家庭任务也不是随便协商约定的，需要具备以下几个特点。

第一，任务与来访者咨询的问题相关。虽然在“自主咨询”的过程中，来访者并没有讲述事件经过，但咨询师依然可以结合咨询过程中来访者对问题的反应和提供的相关信息做出判断，协商与来访者问题相关的任务，并要求来访者刻意以新的情绪体验和认知构架来解决生活中的相似问题。这样做的目的是在生活中反复练习在咨询室中获得的经验，运用经过重组的思维模式解决生活中的事件，不断巩固咨询成果。例如，一个来访者是围绕夫妻情感的咨询，咨询师就要协商与夫妻生活或家庭生活相关的任务，而不是与同事相关的任务。

第二，任务是行为方面的，具有可操作性。布置可操作的、行为方面的任务，主要目的是通过巩固行为习惯而巩固认知习惯。一方面，情绪和认知等的改变会通过行为表现出来，例如一个人愉悦感增加他微笑的次数可能就会增加，或者一个人对一项工作的重要性认知发生改变，那他检查工作的认真程度就可能随之改变。另一方面，认知如同行为一样，也具有习惯性，通常人们更关注认知习惯对行为习惯的影响，其实行为习惯也会影响认知习惯。关于这一点曾有心理学家做过实验，将对宗教思想评分相同的两组人员作为被试，一组被试坚持每天祷告，另一组被试作为对照组，一段时间之后，每天祷告的被试组的宗教评分显著增加，而对照组则与之前评分接近。“自主咨询”利用行为习惯对认知习惯的影响，帮助来访者在咨询成果的基础上，建立良好的行为习惯，以巩固良性认知和合理情绪。因而，任务是行为方面的，可操作的，不仅仅是任务本身的需要，也是“自主咨询”的需要。

第三，任务是可持续的。人的心理规律有很多，其中有一种现象叫作“21 天效应”，是指一个人新习惯或理念的形成并得以巩固至少需要 21 天时间的现象。来访者在咨询室中获得了处理事件的新经验、新思维模式、新情绪体验，虽然经过短暂的强化，进入了长时记忆，但要使新经验成为一种习惯，成为不需要意识控制、自然而然的思维和行为方式，还需要持续练习，反复使用。这种持续性不局限于时间上的持续性，也可以是间隔或不定期的，但是不间断的。在任务实行的最初阶段，如果不是连续性任务要注意应缩短时间间隔，当来访者对任务的习惯性上升，可以根据具体情况，减少任务次数。

第四，任务步骤简单，用时短。家庭任务不能太复杂，不能占用太多时间和资源，否则会增加来访者完成任务的困难，影响积极性，导致半途而废。家庭任务的目的是通过完成任务巩固咨询成果，而不是开发来访者的新技能或新思维，持续性比创新性更重要，因此步骤简单、容易完成要比任务困难、具有挑战性更适合。当然，在来访者完成家庭任务的过程中可能会有新的收获，但那不是“自主咨询”家庭任务的主要目的。时间压力也是影响任务持续性的因素。家庭任务耗时过长会使来访者在安排任务时间时焦虑感增加，也对实际生活有直接影响，最终可能导致来访者放弃家庭任务。

第五，家庭任务要有积极意义，或从事件的积极面出发。

咨询时，来访者是带着不良情绪和负性认知的，咨询结束后，这些因素发生改变，但来访者面对生活事件的消极思维模式不会在短短“一刻钟”的“自主咨询”中获得彻底改变，这也不是“自主咨询”的目标。通过家庭任务训练来访者从积极的角度看待事物或看待事物的积极面，对来访者未来的日常生活来说就具有长远意义。例如，“发现三件坏事的好的方面”就不如“发现三件好事”更具有积极意义，因为前者要完成的任务首先需要发现生活中的负性事件，而后者则是将注意聚焦于积极的、正面的事件。

第六，家庭任务需要与来访者协商。无论如何设置家庭任务，都必须与来访者协商，经过来访者的同意才能确定和执行。当咨询师与来访者的观点出现差异，要协商一致，才能确定；如果经过协商，来访者依然不同意咨询师的建议，则要尊重来访者的意愿；如果来访者的方案不可行或有弊端，咨询师需要更改方案并耐心向来访者解释，得到来访者的认同。在协商过程中，咨询师要保持礼貌温和的态度，而不是以压迫或命令的方式。咨询师要时刻觉察自己的言行，尊重来访者对自我的认知，“来访者是解决自己问题的专家”。

协商布置家庭任务之后，整个咨询结束。

三、反馈阶段的特点

这一阶段较为开放，问询在实际操作中没有固定的问询语言，可以包括以下几方面内容。

1. 请来访者有声地读出梳理阶段的书写内容。

2. 发现来访者可能存在的问题、困惑或思维偏差并及时予以合理引导。

3. 根据来访者咨询阶段的问询反应和梳理阶段汇报内容，给来访者提供相应的专业建议。

如果是非专业人员的咨询，可以根据情况给来访者提供一些生活策略供来访者参考，也可以不提供任何参考建议。

4. 和来访者协商家庭任务，进一步巩固咨询室的咨询成果，并将其应用于生活。

家庭任务要注意应具备具体化、细致化，可操作、可量化，反馈及时、积极健康等特点。咨询师还要有针对性地根据每个来访者的特点，从实际情况出发，和来访者协商并经过同意，才更容易在生活实践中实施。例如，对于一个涉及夫妻关系事件的来访者，家庭任务定为“夫妻俩每周共同下一次厨房，共同协作完成不少于两个菜，要用不低于三句话称赞对方的表现”就要比“夫妻俩要经常出去看电影”更具有实际意义。

如果是非专业心理咨询人员使用“自主咨询”，可以根据具体情况，有弹性地操作，根据来访者与咨询者的关系和配合程度，可以全部进行以上 4 项，也可以只进行以上内容的第 1 项，即让来访者口头汇报。也可以根据来访者的意愿，省略这一阶段的全部内容，当来访者完成“梳理阶段”的书写步骤，咨询就可以结束，朗读梳理阶段的书写内容可以留给来访者在自己认为安全的环境完成。

见微而知著，虽然和常规心理咨询比，“自主咨询”由“环式问询”引导的“咨询阶段”只有5分钟，整个流程也只有15分钟，但它是一种理论坚实、结构简单、应用方便、行之有效的心理咨询方法，它可以让每个人都能成为情绪管理的心理咨询师，是真正的“人人可用，时时可用，处处可用”“服务全民，全民适用”的心理咨询方法。

第四章
案例来自平凡的生活

“自主咨询”能成为“人人可用、时时可用、处处可用”的心理咨询方法，因为它简单、易学、实用、高效。

“自主咨询”在实际生活中的应用很灵活，可以使用不同的中介物跨文化应用，可以面对面咨询，也可以使用电话、网络等不同咨询形式，可以解决亲子、夫妻等不同关系中的困扰，也可以根据需要在个体咨询和团体咨询中发挥作用。

第一节　个体“自主咨询”概述

“自主咨询”不仅可以应用于专业心理咨询室中，也可以应用在日常生活中；不仅可以供受过训练的专业的心理咨询师使用，也可以被没有心理学和心理咨询专业背景的人使用，解决日常生活中的烦恼。由于咨询的对象不同、服务的方式不同、咨询的环境不同、解决问题的目标不同，等等，对操作使用“自主咨询”的人员有更多要求和条件限制，包括来访者及他要咨询的问题都要满足一定的条件。

一、个体“自主咨询”适用的条件

“自主咨询”可以用于个体咨询，解决个人遇到的与日常生活琐事相关的情绪问题，但无论是咨询师和来访者或咨询者和被咨询者，都应具备一定条件，如果不满足这些条件或要求，则不建议使用“自主咨询”。

（一）对来访者的要求

与常规的心理咨询不同，使用“自主咨询”时，特别是在日常生活中使用“自主咨询”时，咨询师的作用相对较弱，更多的是在“环式问询”的引领下依靠来访者自身的体验和感知获得自我突破，因此来访者应具备一定的能力，对使用工具有所了解，也就是使用“自主咨询”的来访者应满足一定的条件。

无论是在专业心理咨询时使用，还是在日常生活中使用，“自主咨询”的咨询对象都应达到一定的年龄，具有一定的理解能力、自我感知和觉察能力，有正常或接近正常的智力水平，能够完成正常的对话以及能够理解咨询者的提问和要求，要能够理解中介物的指代作用并能完成简单地对中介物赋予意义的任务。如果不能满足这些最基本的条件，则不适用“自主咨询”，可以考虑其他形式的心理咨询或心理援助。

对来访者理解力和自我觉知能力的要求，不包括来访者的文化程度。“自主咨询”对来访者的文化程度、民族背景、宗教信仰等没有限制，只要能理解“环式问询”提出的问题，并做出相应的反应，即便是不识字的人群，也可以顺利使用“自主咨询”。

（二）对心理咨询师的限制

“自主咨询”针对日常生活琐事引起的小情绪问题比较高效，不能解决相对较为复杂的心理问题，而且，由于用时较短仅一刻钟时间，心理咨询师不宜与来访者进行较为深入的探索和交流。要注意由于“自主咨询”的标准化，使得它对于非专业人士而言是“人人可用、时时可用、处处可用”的方法，但它不是“事事可用”。此外，由于来访者对于专业心理咨询师和非专业人士有不同的要求和心理期待，因此，心理咨询师在以“自主咨询”为主要方法做专业心理咨询时，与非心理专业的普通大众有着不同的使用要求。

1．不适于首次心理咨询

在首次心理咨询时，咨询师需要对来访者及来访者面对的问题进行信息收集。例如，来访者的人口学和社会学信息，即便这些信息在来访者预约咨询时可能已经收集和登记，但在大多数情况下，咨询师根据咨询的需要和进展，还要对相关信息进行求证或补充。

在首次心理咨询时，咨询师还要根据收集的信息对来访者的问题进行初步评估和诊断，判定来访者面对的问题是否在咨询工作的范围内，是否需要医疗诊治和用药。有时来访者的问题看似是生活事件引起的，但经过细致地问询和综合评估，其实是精神或生理疾病引起的。这样的情况就不能以心理咨询工作为主，而要把解决由精神和生理疾病引起的问题放在首位，心理咨询放在辅助位置或者作为下一阶段进行的工作。

此外，即便咨询师掌握了来访者的基本情况，也还要和来访者适度探讨、确定心理咨询方案。这个咨询方案需要包括首次心理咨询要给来访者提供的心理咨询服务，还要初步确定接下来咨询的整体方案等。在首次心理咨询过程中必然会涉及引起来访者心理不适的事件，引发来访者复杂的情绪体验和言语表达。对于有些来访者来说这是一个向咨询师“展示伤口”的过程，通常来访者本身对这类事件并没有良好的应对策略和合理的认知模式，需要咨询师的帮助。有些时候，如果不对这些冲突和痛苦进行处理，就可能会导致来访者不良行为，造成不可挽回的结果。这种情况发生时，咨询师必须对这些情绪及时做出相应的处理，避免来访者在没有保护的情况下再次体验事件发生时的痛苦，带着创伤离开咨询室。

因此，首次心理咨询非常重要，咨询师在收集来访者资料和评估诊断来访者问题的同时，也需要给来访者进行心理疏导。但由于“自主咨询”时程太短，问询体系过于标准化，这些在其他时候可能是优势的特点，在首次心理咨询时恰恰是劣势——不足以完成各种重要的信息收集工作和处理可能出现的复杂情况。因此，“自主咨询”并不适用于首次心理咨询。作为专业心理咨询师在咨询室中为来访者进行心理咨询时，应注意到这一点。

2．立足于良好的咨访关系

心理咨询师使用“自主咨询”必须要建立在良好的咨访关系的基础上。来访者在寻求专业的心理咨询帮助时，往往带着一定的心理期待，想要获得不同于来自亲人、朋友、社工的心理支持。

由于“自主咨询”的时程比常规咨询要短得多，如果咨询师和来访者还没有建立良好的信任关系就使用“自主咨询”，可能会造成来访者的误会。来访者可能会认为咨询师能力不足，或态度怠慢、敷衍，不具有专业精神或专业水准，感到自己和自己正面对的困扰没有被足够重视和尊重，继而可能会感到被欺骗并产生愤怒或更为沮丧的情绪，这样不但得不到良好的咨询结果，反而加重来访者的负性情绪。

由于“自主咨询”时程很短，如果没有良好的咨访关系，咨询师对来访者的人格特点、认知方式和行为模式都不够了解和熟悉，对来访者困扰的产生和消退就可能做出不准确的判断，或在对来访者情绪、认知、行为模式进行干预和引导的时候，就可能出现偏差甚至做出错误判断，导致咨询出现不良结果，加剧来访者的负性情绪。

如果咨访关系没有建立在相互信任的基础上，在咨询师提问的时候，来访者可能就会质疑咨询师的动机，或由于防御机制而有所保留或做出不真实的反应，即使有了咨询成果，来访者因此而发生了改变，也可能会认为这种变化并不真实，进而影响咨询的外部效度，来访者在生活中并不会真正发生成长和改变。

只有建立良好的咨访关系，才能帮助咨询师对来访者面对的问题做出更有针对性的引导，来访者才能无条件地信任和跟随“环式问询”的提问和要求，专注地思考和行动，并做出最真实的反应，充分运用“自主咨询”简短的咨询时间，收获最大的咨询效果。

“自主咨询”的有效性比其他心理咨询更有赖于良好的咨访关系，它是“自主咨询”高效的重要前提之一。因此，专业的心理咨询师在咨询室内与来访者一起使用“自主咨询”时，一定要注意评估咨访关系是不是稳固并能做到彼此信任。

“自主咨询”对使用者提出的限制主要是针对提供专业心理咨询服务的心理咨询师，在咨询室中使用时要遵从一定条件。由非专业心理咨询师使用“自主咨询”时，可以根据具体情况不受这两条的限制。

（三）对咨询内容的限制

“自主咨询”主要用于解决生活琐事引起的情绪问题，是“小”事件、“小”情绪的应对策略和解决方法。

1．利于解决情感卷入低的事件

与常规咨询相比，完成一次“自主咨询”所用的时间要少得多，而且在“自主咨询”的流程中没有让来访者叙述事件经过的环节，所以，也就没有为来访者提供充分的情感表达的时间。如果来访者的情绪是由对来访者影响比较重大的事件引起的，例如丧偶，这样的事件引起的情绪问题就不适宜使用“自主咨询”。对于情感卷入深的事件，咨询师要适度地引导来访者在有保护的情况下讲述事件的经过，以便让负性情绪得以宣泄。对于有些来访者和有些事件，叙述本身就是一种治疗。或者可能在心理辅导的同时，还需要咨询师和来访者在合理认知前提下共同探讨一些具体生活策略作为来访者的行为参考，那么就需要来访者完整描述事件的经过。这种情况，极短程的心理咨询就不适用，需要常规咨询甚至长程咨询。

有的来访者在多次咨询中都重复讲述了同一事件，咨询师要根据具体情况判断，这样的讲述对来访者是有益还是无益的。讲述事件对来访者起到“脱敏”的作用缓解了来访者的不良情绪，还是由于思维反刍导致的。如果来访者在讲述事件时无论是对事件的描述还是描述事件产生的情绪时，都有逐渐减轻的趋势，就是有益的，可以让来访者适度倾诉；如果来访者对事件的回顾是由于“闪回”或思维反刍引起的，每次来访者回顾事件都会再次受到创伤，这对来访者是无益的，咨询师要采取恰当的方法阻止来访者再次回忆事件情境，并需要采取相应措施缓解来访者的心理压力。这些都需要充分的时间来评估、诊断和处理，而“自主咨询”没有足够的时间供来访者充分表达情绪，也没有时间来处理来访者过深的情感卷入问题，因此，“自主咨询”不适用于来访者情感卷入深的事件，它只针对“小”情绪。

另外，“自主咨询”本身的重要特点就是“短”，这一点来访者是有知情权的。因此，咨询师在和来访者确定使用“自主咨询”的方法进行心理咨询时，要提醒来访者“自主咨询”的适用情况，不能用它来解决处理情感卷入过深的事件和很深刻的情绪。因为如果处理的是来访者情感卷入深的事件，在极短时间内，来访者刚刚揭露了情感，咨询时间就到了。如果来访者就此停止，不再外泄情感则会产生压抑，可能会带来新的不良结果。如果来访者不顾及咨询时间限制，继续处理面对的事件和事件引发的情绪，势必会超过既定时间，或者需要转为常规咨询，就可能影响咨询师的时间安排或影响下一位来访者的正常咨询。这种情况不仅会给咨询师和其他来访者造成不便，也可能会引起该来访者的内疚情绪，影响咨询效果。

2. 不适用于影响人生的重大事件

任何一种心理咨询方法都有其适用的对象和不宜处理的情况，“自主咨询”针对的主要是生活琐事对来访者情绪的影响，不适用于对人生有重大影响的事件，如升学、择业等可能影响人生走向的事件。

升学、择业等人生重大事件，对一个人的影响既重大又持久，不恰当的决定可能会导致难以挽回或改变的结果，因此，要十分慎重地做出决策，这就需要咨询师帮助来访者对各方面条件做出全面综合的评估。以升学志愿为例，来访者的个人爱好、成绩偏向、理想生活、技能特长等，都是升学的评估指标，此外，还有来访者的家庭资源、个人生活能力、想要选择的专业的就业前景、各大专院校招生的具体情况等，也都是必要的考察对象。这些信息的采集和评估，在以极短程和自主为特点的“自主咨询”过程中是不能完成的，在信息不完全的情况下仓促做出决定可能会是不恰当的甚至可能是错误的决策，并不是一种对人生、对自我负责任的态度。

如果在咨询过程中咨询师发现来访者用“自主咨询”的方法决定这类可能影响人生轨迹的事件，应本着对来访者负责的态度，及时提示来访者对事件进行全面评估和考虑，做出恰当的决定，并改变咨询形式，与来访者一起深入收集更全面的信息并做出综合而具体的评估，帮助来访者做出理性的判断和决策。

心理咨询师在使用一种心理咨询方法时，应对它的特点有所了解，尤其是这种方法的弊端和不适用情况。“自主咨询”的特点是自主和短程，对“小事件”引起的“小情绪”可以做到恰到好处，而用它来解决“大问题”就显得力不从心也不恰当。因此，当咨询师发现来访者的访谈实际上是要解决“大事件”的时候，要及时调整心理咨询形式，把“自主咨询”或它的问询体系作为常规咨询的一个辅助或者结构成分帮助完成咨询目标。

3. 适用于没有继发性影响的事件

“自主咨询”主要对生活琐事引起的情绪起作用，前提是这些情绪没有对来访者造成继发性影响，例如导致来访者严重失眠、食欲失调、兴趣减退等生理或精神方面的影响，或更严重的已经影响到了来访者正常的生活、工作、学习、社交等社会功能。

有些事件，看起来是生活琐事，但它对来访者的影响可能是重大的，成为“压死骆驼的稻草”。原本是事件导致了一个小情绪，而小情绪持续发酵造成了来访者生理、情绪、行为的持续改变，这就是事件对来访者的继发影响。例如，媳妇要求婆婆在给宝宝喂奶前，不要用裹奶嘴的方式测试奶瓶里牛奶的温度，以免婆婆口腔中的细菌传递给宝宝。这是一件生活琐事，可能很多家庭都曾面对这个问题，通常会得到良好解决。但婆婆也可能认为媳妇的这个要求是对自己的嫌弃和“看不上”，因而感到很生气也非常委屈。这也是日常生活中婆婆常有的心态，大部分人会通过沟通、倾诉等方法缓解。如果婆婆持续生气，并没有像大多数人一样使不良情绪得到缓解，仍然有负性情绪体验，但这种情绪并没有影响到身体或生活的其他方面，这种生活琐事引起的情绪问题就是“自主咨询”的工作范围。如果婆婆持续生气，因此导致了近几周甚至几个月的严重失眠、食欲不振，总认为自己一无是处，被人厌弃，羞愧与愤怒的情绪交替出现，等等，这就不再是“自主咨询”能解决的，需要常规咨询进行系统干预，必要的时候，还需要就医，药物辅助治疗。

这种情况可能与多种因素相关：来访者人格特质、性格特点、核心理念、行为习惯、生活经历等；也和环境因素相关，来访者的工作压力、家庭关系、支持资源、社交结构等。此外，来访者的生理状态也是重要影响因素。

如果生活琐事引发了情绪问题，并导致了继发性影响，那就说明生活琐事对来访者来说，不再是“琐事”。咨询师要对来访者做出生理、心理、社会的全面评估，发现来访者的真实情况，并加以引导，那么“自主咨询”这种极短程咨询方式也就不再适合了。

由于“自主咨询”不涉及事件经过，对心理咨询师提出了更高的要求。在使用“自主咨询”的整个过程中心理咨询师都要关注来访者的反应，如果发现超出平常的心理、生理反应说明事件可能产生了继发性影响，应及时改变咨询方式和策略，如果有必要应改为常规咨询。

4. 适用于大事件的小分支

“自主咨询”用时很短不适用于“大事件”，但是可以用于

“大事件”的“小分支”。

还以升学为例，由于高考填报升学志愿，考生和家长都产生了焦虑情绪，想在规定时间内完成填报工作却面对巨大压力。填报升学志愿是一个“大事件”，由于压力产生了焦虑情绪就是“小分支”。“自主咨询”不适用于系统分析考生的综合条件并协助提出未来的发展方向等参考建议，但可以帮助考生和家长减轻完成“大事件”时产生的焦虑和压力，使他们能够理智地完成填报志愿的工作。

有些“大事件”也可以看成很多“小分支”的集合，“自主咨询”可以从解决“小分支”入手，帮助来访者修剪分支理清“大事件”，做出更合理的判断和决策。

“自主咨询”只针对“生活琐事引起小情绪”，只要在这个原则范围内，“自主咨询”就可以做到“人人可用，时时可用，处处可用”。

二、“自主咨询”过程详解（模拟案例展示）

“自主咨询”的基本结构分为三个阶段：咨询、梳理和反馈。

第一咨询阶段是以“环式问询”为基础帮助来访者体会情绪与躯体感受并解构与重建认知体系的阶段。第二梳理阶段，是来访者独自用 5 分钟左右的时间，以文字书写的方式梳理和记录前一阶段的自我变化和咨询收获。第三反馈阶段，包括来访者对咨询的反应，和咨询师根据来访者的反应给予反馈，并协商家庭任务，帮助来访者强化咨询中的变化，巩固咨询成果。

当“自主咨询”由非专业心理咨询师或在非咨询室内使用时，如果涉及来访者的隐私或受到来访者与咨询师关系的影响，或者受到环境物理因素或时间的影响等，根据实际情况可以有选择地、弹性地进行操作。咨询师在使用时，如果后面两个阶段没有条件完成，只完成第一咨询阶段，对来访者也是有帮助的。

乌鸦与麻雀

中介物：扑克牌

咨询过程

第一阶段：咨询

咨询前，咨询师把扑克牌翻过去，背面朝上，字面朝下。（扑克牌字面朝下背面朝上，避免对接下来来访者抽取扑克牌时的随机性造成干扰，影响对扑克牌所代表的事件的体会。）

（如果使用文字，可以选择图书，提示来访者不要翻开书页。如果可供选择的书较多，内容积极或中性的书更好。书页不要翻开，避免书中内容对来访者造成影响加重不良情绪影响认知。如果使用字母作为中介物，可以是字母卡，例如儿童识字常用的卡片，也可以临时用纸片制成。要注意每张卡片上只有一个字母，大写和小写要分开。注意中介物背面图案要相同，没有标识记号或者其他可能对选择造成干扰的信息。）

咨询师：请你想一想引起你情绪的这件事，仔细体会一下此时的情绪，再给此时此刻的情绪打个分。（不问事件经过，直接聚焦事件对来访者情绪的影响，确定咨询目标。对情绪打分，明确基线，以备与接下来咨询过程中发生的变化进行比较，可以让来访者非常清晰地感受到咨询带来的成长。）

如果0分是最低分，表示糟糕透了；10分表示你人生最快乐的瞬间。在0分到10分之间，你会给此时此刻的情绪打几分？（评分可以是0分到10分、1分到5分，也可以是A到E，等等。确保来访者在评分之前明确评分标准，避免由于来访者和咨询师的评分标准不同而造成不必要的困惑或误解。通常评分等级越多来访者对事物的感受会越精细，例如0分到10分的11级评分和0分到100分的101级评分相比，显然后者表达的信息更为精细。大多数情况下，0分到10分的评分等级就足够让来访者重复评估。）

（评分可以是单向的，由高到低或由低到高；也可以是双向的，中间的数字是中性的，向两侧增加或减少。在具体案例中使用单向评分还是双向评分，要根据具体情况和评估对象决定。本书中的案例，多为对情绪进行双向的评分，如10分为情绪最愉快，0分为情绪最糟糕。单向评分一般是针对一件事对来访者影响大小的评分，0 分为毫无影响，10 分为有极大影响，本书案例《画中启示》就是用这种评分方式。）

来访者：5 分。

咨询师：接下来请你想着引起情绪的这件事，随机选择一张扑克牌来代表这件事。（请来访者想着发生的事件，将注意力集中在事件上，同时抽取扑克牌，目的是在事件和扑克牌，也就是在事件和中介物之间建立联系。要让来访者始终明确知道中介物是代表事件。）注意不要翻过来，不要看牌面，依然是背面朝上。（提示来访者不要翻开扑克牌，选好后依然是背面朝上。）

来访者：选这个。

咨询师：（来访者选择一个中介物之后，其他不用的放在旁边。）把你选择的代表这件事的扑克牌放在你面前的桌子上，找一个你认为恰当的位置，安置好。（在来访者安置扑克牌的时候，就已经在意识或无意识地思考"这张扑克牌放在哪儿合适、舒服"，开始思索扑克牌与桌子的关系。咨询师强调扑克牌代表的是事件，此时来访者思考扑克牌与环境的关系，也是将所有注意力集中在事件转变为思考事件与周围世界关系的过程。）

（在象棋、军棋、斗兽棋等具有对抗性质的中介物中，棋盘往往有地形地势之分，有些甚至有敌方我方的划分，来访者在棋盘上放置棋子的位置要比没有这些差别的桌子等更具有意义性。在对中介物的问询中，根据来访者在咨询中的具体情况，棋子放置的位置也可以作为问询的内容，引导来访者进行自我探索。）

来访者：放好了。

咨询师：请你专注在这张代表事件的扑克牌上，想着引起你情绪的这件事。仔细体会自己此时此刻的情绪和身体感觉。（提出这个要求之后要给来访者一段时间自我体验。）（这种感觉不是对扑克牌本身的体验，而是对事件引起的情绪和躯体感受的体验。扑克牌是事件引起的情绪、认知与躯体感受的投射，此时扑克牌带来的体验是事件投射的结果。这是一个帮助来访者将潜意识意识化的问题。）

来访者：还行吧。

咨询师：具体地说一说。（心理咨询过程中具体化是很重要的技术，"自主咨询"虽然讲求极短的时程，但是在高效的前提下缩短时间，而不会单纯为了缩短时间而减少必要的提问。）（有时来访者的回答很含糊，模棱两可、似是而非，此时咨询师要引导来访者明确自我体验，用清晰的词语表达情绪和躯体感受。当来访者不能清晰体验或者不能用明确的词汇表达感受时，是这些感受和体验还没有上升到意识层面。具体化可以帮助来访者有意识地、刻意地关注到这些潜在意识或者潜意识中的影响因素。当来访者可以用语言描述时，就是意识化成功的表现。）

来访者：压抑。

咨询师：身体有什么感觉吗？（补充提问。前面问题实际上含有两个问题，一个是情绪的体验，一个是躯体感受的体验。很多时候，来访者更容易感知到情绪，会忽视身体感受，要及时提示来访者注意躯体感受。有些时候由于内心冲突的作用，一些事件在引起人们情绪问题的同时也伴随着躯体问题，或转换为躯体障碍。）

来访者：身体觉得沉重。

咨询师：现在，请你想着这件事，扑克牌代表这件事，你认为它会是什么牌？（中介物是事件的投射。来访者体会这件事的所有方面，再将所有体验投射为非语言的、中介物的形式，把对一件事的可叙述的和不可叙述的、意识的和潜意识的影响用扑克牌这种实物的形式表达出来。对中介物的猜测实质是来访者用一张扑克牌代表这件事对自己影响的所有方面。扑克牌作为游戏道具在游戏中有它的大小和应用规则，但是对于每个来访者而言，扑克牌的花色和大小可能有不同意义，因而用扑克牌来代表事件时，每个来访者的感受是不同的，会选择不同的扑克牌代表当下的事件。来访者在以往经验的影响下做出评估和选择，相同的牌面对于不同的来访者可能意味着截然相反的意义。）注意，这张扑克牌代表这件事现在的样子，而不是你希望它的样子。（提示来访者聚焦于当下的感受和体验。）（如果中介物是文字，要注意到文字作为中介物具有一定的特殊性，因为文字本身具有一定的含义，它不是中性的。汉语的语音、语义和文字形态等，都有含义。当用一个字作为中介物代替事件的时候，来访者已经对这个事件进行了评价和情感表达，这个被选用的字已经是来访者将潜意识意识化的产物，可能包括这个字本身的含义或它的组词，也可能不包括，要根据访谈来判断，咨询师不能主观下结论。）

来访者：梅花 10。

咨询师：当你想到梅花 10 的时候情绪和身体是什么感觉？（“梅花 10”不再是一张扑克牌，此刻，对于来访者而言，它是事件的投射。来访者想到扑克牌时的情绪和躯体体验，都是对事件的反应。）

来访者：压抑，还很烦。有点坐立不安，肩膀还特别沉重。

咨询师：梅花 10 对你来说意味着什么？（请来访者对中介物赋予意义，为接下来通过对中介物的处理改变来访者的情绪和认知创造条件。来访者在对中介物赋予意义的过程也是在对事件赋予意义，是在原有自我认知系统中的事件对自己各个方面的综合影响的归纳和梳理。对这个问题的回答实际是来访者对事件的认知的投射。）

来访者：乱，看起来特别乱。

咨询师：现在看这张代表事件的牌和桌子构成的空间。如果让你给这个空间命名的话，你会起一个什么名字？（干预认知。带领来访者改变视角，重新审视这个事件。此前来访者对事件是平行视角在同一个平面上，身处其中。此刻是离开事件站在更高的台阶上，探索扑克牌代表的事件和事件之外空间的关系，意识到事件之外还有更广阔的世界，脱离事件影响下的思维局限性。）

（使用读物中的文字作为中介物时，由于文字是来访者想象出来的没有实物可供观察，也就不能和周围环境形成相互作用的空间，前后两次空间命名都可以省略。）

来访者：乌鸦。

咨询师：当我说“翻转”的时候，你把这张扑克牌翻开，看看牌面是什么。仔细体会翻开这张扑克牌的一瞬间你的感觉。注意翻转之后还放在原来的位置。（猜测扑克牌牌面时，事件是来访者认为的样子，而不是它真实的样子；这次的问询是当来访者看到真实的代表这个事件的中介物，来访者看到的是事件真实的样子而不是自己想象的样子。）（这段话包含了四个要求：一、动作：翻转扑克牌——自主打破旧秩序；二、确认：翻转之后观察牌面的花色和点数——建立新秩序；三、体验：看到扑克牌真实花色和点数时的感受——认知构架发生改变时的自我探索和体验；四、安置：翻转后扑克牌不是随便放，还要放在原来的位置——在原有生活中解决问题。）现在，翻转。（如果使用文字，则可以把翻开书中任意一页的第一个字作为事件投射的中介物，或者来访者第一眼看到的字，或其他方式确定。这个规则是咨询师的规定，也可以是双方事先协定的，只要保证随机性即可。）

来访者：红桃2。

咨询师：你看到它的一瞬间，你是什么感觉？（引导来访者用语言表达感受，使无意识意识化。这是看到了代表事件的扑克牌的真实样子时的感觉。无论这张扑克牌是不是和猜测的相同，来访者都会有所体验。）

来访者：觉得很好，非常好，很高兴。好像一下子变轻了，肩膀的压力也小了。

咨询师：红桃2对你来说代表什么？（这个提问暗示了“变化”，也就是对事件的理解是有变化的。这一次提问与前一次不同，前一次是猜测，主要目的是让潜意识意识化，将来访者对事件的情绪、认知、躯体感受等体验都集中投射到一张扑克牌上；第二次对中介物提问的主要目的在于调整认知，打破原有不合理认知构架，重建新的认知构架。）

（这是对扑克牌花色与数字的解析，是来访者对扑克牌重新赋予意义的过程。对于来访者来说，此时要对扑克牌所代表的事件做重新理解。介于真实牌面与前面猜测的不同，在此来访者对真实的牌面代表的事件就有不同的期待，这个期待是一种对改变的期待。事实上这个提问本身具有一定的暗示性——这张扑克牌的解析应与此前不同，也就是暗示着来访者对事件的认识应与前面猜测的不同。）

（无论真实的中介物是否和来访者猜测的相同，都会对来访者造成一定的冲击，动摇来访者对事件原有认知和态度，当用语言来表达这种似是而非的变化时，也就是在将这些动摇和改变重新建立秩序，形成与曾经的认知经验不同的新的认知体系——更具有良性意义的认知体系。）

来访者：觉得很轻盈，也很干净。

咨询师：那么在你翻转之前和翻转之后，情绪和躯体感受有什么变化？（再次回到对情绪和躯体的体验。同一个问题在不同时机提出，意义不同，此处对情绪和躯体的问询重在“变化”，比较前后两次面对代表同一件事不同的扑克牌时，感受情绪和躯体的差异。差异不仅表现在来访者对事件的认知，即“梅花10”和“红桃2”的差异，也表现在对事件自身体验的差异。当认知层面意识到事件的实际影响和来访者认为的影响存在差异时，自我体验就已经发生变化，语言的描述可以确认和巩固这些改变。）

来访者：身体和心情都觉得变轻快了。

咨询师：现在再回忆起这件事，你有什么感觉？（在经过了一系列的围绕中介物的访谈之后，回到事件本身。中介物的作用是代替和投射，让来访者将潜意识意识化，并将事件对来访者的影响和来访者对事件的情绪、认识、躯体感受等各方面复杂信息投射到扑克牌上，以便更直接、更高效地进行处理。但要让来访者真正产生变化，或者产生更深刻持久的改变，还要回到事件本身。）

来访者：觉得好像也没什么。

咨询师：经过这 10 分钟的咨询，和咨询之前相比，这件事对你的影响有什么改变？（引导来访者在自我体验和自我发现过程中自我探索，在事件中自我成长。发现自己对事件态度的变化可以让来访者获得信心，在生活中面对同类事件时，获得可参考的经验，从容应对。这种用语言表达出来的前后对比非常重要，此时来访者对自己的变化可能是若有若无的感觉，用语言表达出来的过程就是明确感知到自我改变、自我成长的过程。这种觉察相当于在自我探索时的及时反馈。）

来访者：开始觉得特别压抑，让我很烦。现在觉得其实也没什么吧，可能我太把它当回事儿了。

咨询师：现在看着眼前这张扑克牌和桌子，再次命名的话，会是什么？（前一次命名是来访者猜测扑克牌的花色，描述的是事件在来访者心里的样子，虽然也将事件放在事件之外的世界里，但依然是来访者主观感受的、猜测的样子。此时的命名是在扑克牌翻开来访者看到它所代表的事件的真实样子之后，来访者在认知和情绪等方面都发生了变化，这时候再来观察事件与世界的关系，就与前次有了本质的差异，也是来访者在建立新的认知体系之后对事件和世界的观察。）

来访者：麻雀，哈哈。

咨询师：好的，接下来，进入咨询的第二阶段，梳理阶段。认真感受从咨询开始到现在整个咨询过程中，你的情绪、躯体和认知的改变，以及对这件事的态度等各方面的变化，或者其他的感受，有什么就写什么。用大约 5 分钟的时间，以文字的形式记录下来。当你写好之后，我们再进入"自主咨询"的第三阶段。（明确下一步的任务和要求。如果来访者对要求不清晰，可以举例子帮助来访者明确接下来要做什么。）

第二阶段：梳理

来访者独处，思考并记录第一阶段咨询中的收获和体验。

（对文化限制或其他因素导致书写有困难的来访者，有条件的可以要求来访者以录音的形式记录，或直接在头脑中组织语言，但要提示来访者尽量用简练的语言、条目清晰地叙述。如果来访者非常抵触书写或文字，也可以采用上述方式。）

第三阶段：反馈

咨询师：请你大声读一读你记录的内容。（有些来访者会因为害羞或其他原因，不愿意大声读，此时咨询师要耐心说明诵读的必要性，但如果来访者非常抵触，则应尊重来访者的选择。）

（来访者经过咨询阶段的自我探索，已经有所改变，但这种改变是短时的，需要经过强化使之成为长时的、习惯的、可以应用于生活实际的经验，在“自主咨询”短暂的15分钟里，每一次强化都有重要价值。诵读，是一种多感觉通道的强化。）

来访者：好的。1.一开始想到这件事觉得情绪很低沉，非常压抑，而且很烦躁。身体也好像有什么东西压着，像是背着块石头。2.后来翻开扑克牌看到是红桃2，心里一瞬间觉得很轻松，好像轻飘飘的如释重负的感觉。身体也轻松了。3.又想起这件事，觉得其实也没什么，不像我原来想的影响那么大。

咨询师：很好啊。（振奋性鼓舞。）有时候我们面对一件事时，把它的影响想象得很大，甚至给我们的生活造成很多压抑和烦恼。但是当我们脱离事件本身，从更高的角度来重新审视它时，就会发现，它对我们其实也没有多么大的影响，我们不必因为它而背负重担。即使事件依然存在，我们也完全可以让我们自己轻松起来。（总结性叙述，是对来访者在前两个阶段面对的问题和发生变化的概括性总结。概括要对来访者给予积极反馈。）

（对来访者在访谈期间的变化做出总结，起到激励的作用，让来访者确信自己的改变，更为自信，在未来的实际生活中遇到类似的事件能有可借鉴的成功经验，甚至可以举一反三，在良性认知体系中处理生活事件。）

来访者：是啊。

咨询师：在你梳理和总结的过程中，遇到什么问题了吗？（进一步问询来访者在认知重建过程中是否面临困惑或疑问，防止出现不确定因素，导致来访者改变的信心不够坚定，使得在“自主咨询”中新建的合理认知发生动摇。）

来访者：没什么。

咨询师：带着这种轻松的感觉想一想，你在生活中的哪一个方面做一个小小的改变——很容易做到又很容易坚持的一个小改变，就会让你的生活变得不一样？（“自主咨询”的成果是来访者获得自我成长，如果这种自我成长只发生在咨询室中而不能在生活中发生改变，就不能被称为成果。要把心理咨询与生活实际结合起来。生活琐事往往决定了人们的幸福体验，改变一件小事、一个小习惯、小行为往往比大的改变更容易做到也更能坚持，这对改变来访者的生活状态有良好影响。一个小的改变可能会渐渐带来一个大的结果，既是人们常说的“蝴蝶效应”，也是心理咨询中常用的“滚雪球效应”。心理咨询关注来访者的小变化，这些小变化往往是来访者咨询成果的体现，也是个人成长的开始。）

来访者：少玩手机，早点睡觉。哈哈。

咨询师：这真是一个好的改变。（振奋性鼓舞。对于这个来访者而言，这是一个有益的选择。）（任务可以和来访者来访的事件相关，也可以不拘一格，只要是对来访者有帮助的，能促进来访者自我成长的，都可以作为建立行为习惯的家庭任务。）平时几点睡觉，睡前玩多久手机？（具体化。任务要具体、可操作，而且要简单易行，不消耗太多时间和精力，这样才更可能在生活中坚持，渐渐成为一种习惯达到在生活上改变的目的。）

来访者：平时一般 11 点睡，早晨 6 点起床。要是玩手机就不一定几点了，有时候能玩到第二天凌晨一两点。

咨询师：一般一周几次会玩到一两点睡？

来访者：哈哈，那可不一定了，有时候一周能有三四次。第二天就没精神。

咨询师：你打算减少玩手机的时间早睡觉的话，那是想几点睡？玩手机减少多长时间？

来访者：还是 11 点睡，就是不玩到那么晚了。

咨询师：好。从前是一周有三四天玩手机到一两点才睡，那现在定一个目标，你实现起来比较轻松，不费什么劲儿，还能真正感觉和从前不一样了。你觉得一周减少几次玩手机到一两点这种情况是比较容易做到的？（对任务数量化的询问。根据任务的特点，可以设置一个较容易实现的数量化标准，这样既可以增加来访者实现目标的动力，又能让来访者感到目标的实现没有压力和障碍。有些行为可以量化，有些不可量化。可量化的行为要以数据的形式具体化，例如时间，不可量化的行为也要具体描述。来访者的计划越具体就越可能做到，也越可能坚持。）

来访者：一周一两次吧。

咨询师：好的。每周有五六天在11点睡，对你来说难不难做到？（协商家庭任务方案的可行性。来访者提出的方案如果是一个困难任务，那么持续完成任务的时间就会缩短，很容易中断。容易坚持的、可以持续的任务，才是较好的方案。）（计划要和来访者探讨，充分尊重来访者自己的意见。在制定计划的时候，切忌以咨询师的自我标准评估来访者的情况，有些时候，对于一些人不难实现的目标对于另一些人是困难的。因而，在给出合理建议的同时，必须尊重来访者的实际情况。如果咨询师认为很容易实现的目标，但来访者却认为实现起来存在一定压力，那就必须重新讨论，找到来访者不能完成任务或阻碍顺利完成任务的压力是什么，必要时应当重新制定计划。）

来访者：不难。

咨询师：如果连续两周都能做到，就给自己一个奖励。（自我奖励是帮助来访者坚持任务的一种有效的强化策略，能让来访者感到他对任务的自主性，对任务具有掌控性，也能让来访者在任务中得到奖励和乐趣，激励来访者积极改变。）

来访者：哈哈，好。（家庭任务要经过咨询师与来访者协商讨论，经过来访者同意才能实施。一般情况下，家庭任务应是有益于来访者身心健康的，可操作、可评估、可持续的，而且是省时省力比较容易实现，不需要占用太多时间。任务的目的是通过行为改变认知，用行动改变来访者固有的思维习惯，因此，能不能坚持要比改变大不大更重要。）

（实际生活中来访者想要做出改变可能会同时在多方面表现出来，但在咨询室中制定目标时，以“小”“易”“可计数”的行为为宜。这样的任务可以让来访者感到没有压力、容易做到，便于逐渐形成固定的行为习惯，更有利于来访者树立信心，防止任务过难给来访者带来挫败感。）

咨询师：在咨询的最后，仔细体会一下此时此刻你的心情，再来打个分，会是 0 分到 10 分之间的几分？（两次评分相当于实验中的前后测，第一次评分让来访者确定事件对自己情绪影响的基线，第二次评分可以让来访者明确体会到咨询带来的成果。有的来访者在咨询阶段就有较明显的改变，可以根据时机在此阶段结束时进行第二次评分，以肯定和鼓励来访者的自我变化。有些来访者在咨询阶段结束后，仍有一些困惑，需要通过咨询师的反馈，才能感受到自我进步，这种情况适合在反馈阶段结束时进行第二次评分。因此，第二次评分是必要的，但不拘泥于在咨询阶段还是反馈阶段，而应在来访者感受到自我进步再做评分，这样会让来访者更了解自己在咨询中的变化，有助于增强来访者的信心，更好地将咨询成果应用于生活。）

来访者：8 分。

咨询师：好的，那么如果没有其他问题，我们就带着这种 8 分的感受结束这次咨询。（与来访者共同结束咨询。）

来访者：好的，再见。

咨询师：再见。

很多心理咨询师认为不应该为来访者给出自己的观点和方法，唯恐违背中立原则。在反馈阶段，如果来访者表现出缺乏信心、动力不足、没有良好的策略等，咨询师提供一些可供参考的建议是非常必要的，可以作为来访者的行动选择，也可以作为例子和线索。但要注意咨询师只是提出建议或线索以供参考，不要变成要求、命令或是说教。

第二节　个体“自主咨询”案例分析

一、常规“自主咨询”的个体案例分析

黑桃之重与方块之轻

中介物：扑克牌

来访者背景

张女士，43岁，事业单位员工。丈夫也是事业单位员工，有一子在外省读大学。

此案例在咨询过程中自始至终没有涉及影响来访者的事件经过，来访者在“环式问询”的框架下“自主”完成咨询。

咨询过程

第一阶段：咨询

咨询前，咨询师把扑克牌翻过去，背面朝上，字面朝下。

咨询师：请你想一想引起你情绪的这件事，仔细体会一下此时

的情绪，给此时此刻的情绪打个分。如果 0 分是最低分，表示糟糕透了；10 分表示你人生最快乐的瞬间。那么，在 0 分到 10 分之间，你会给此时此刻的情绪打几分？

来访者：4 分吧。

咨询师：接下来请你心里想着引起情绪的这件事，随机选择一张扑克牌来代表这件事。注意不要翻过来，不要看牌面，依然是背面朝上。

来访者：选好了。

咨询师：把代表这件事的这张扑克牌放在你面前的桌子上，找一个你认为恰当的位置，安置好。然后请你用手指压在这张扑克牌上，想着引起你情绪的这件事。仔细体会一下此时此刻的情绪和身体感觉。

来访者：还可以。

咨询师：具体地说一说。

来访者：（沉思）心情很沉重。

咨询师：身体有什么感觉吗？

来访者：身体没什么感觉。

咨询师：（来访者没有体会到事件对躯体感觉的影响也是正常反应，不需要纠结于此，不必非要有躯体感觉而做过多纠缠，可直接进行下一步问询。）现在，你来猜一猜牌面。请你想着这件事，这张扑克牌代表这件事。在扑克牌中，什么花色和点数的一张扑克牌能代表这件事？注意，这张扑克牌代表这件事现在的样子，而不是你希望它的样子。

来访者：我猜是黑桃，黑桃能代表我的心情。

咨询师：什么点数呢？

来访者：黑桃 8 或 9 吧。

咨询师：只能选一张，因为你只抽了一张。（事件与扑克牌是一对一的关系，也就是一件事对应一张扑克牌。如果来访者进行“自主咨询”要探索的是人而不是事件，比如自己或家人等，也要注意一一对应关系，即一张扑克牌对应一个人，如果要同时探索两个人，则要抽取两张扑克牌。但是，如果是探索与他人的关系，则只用一张扑克牌代表，因为这个关系可以看作一个事件。）

来访者：黑桃 9。

咨询师：黑桃给你什么感觉？

来访者：（思考，低声说）很沉重。

咨询师：黑桃对你来说代表很沉重的感觉。9，又代表什么呢？

来访者：是重量，是一个数字。

咨询师：它的重量达到 9 的程度了？

来访者：是。

咨询师：仔细体会一下当你想到黑桃 9 的时候情绪和身体是什么感觉？

来访者：就希望它能变好。

咨询师：看到它就希望它能改变，并且是希望向好的方向改变。

来访者：是的。

咨询师：带着这种感觉来看这张代表事件的扑克牌和桌子构成的空间。如果让你给这个空间命名的话，你会起一个什么名字？

来访者：（想了想）唉，没感觉，我现在没感觉。

咨询师：（来访者对这个问题没有反应，可能是因为没有理解咨询师的意图或没听懂咨询师的要求，也可能当下确实没有思路不知道该如何命名，或者还没有改变视角脱离事件本身去思考事件与世界的关系，等等。此时，需要咨询师耐心引导，如果有必要，应再详细叙述和解释问题和要求，或者再给来访者一些深入思考的时间，不急于向后进行。）嗯，认真体会一下，看一看这张扑克牌，代表引起你情绪的这件事，它与桌子形成了一个图案、一个空间。你来给这个图案、这个空间命名。（温和而坚定地再次提出要求。）

来访者：（沉思）希望它变成浮云，叫浮云。

咨询师：嗯，叫浮云。接下来当我说“翻转”的时候，你把这张扑克牌翻开，看看牌面的花色和点数。仔细体会一下翻开这张扑克牌，当你看到牌面的一瞬间，你的情绪和身体的感觉。注意翻转之后还将扑克牌放在原来的位置。现在，翻转。

来访者：方块 4。

咨询师：你看到它的一瞬间，你是什么感觉？

来访者：（想了想）觉得心头的乌云飘散了点儿。

咨询师：身体的感觉呢？

来访者：身体感觉比刚才轻松一点儿。

咨询师：方块对你来说代表什么？ 4 代表什么？

来访者：方块 4 比黑桃 9 好像好一点。我不太喜欢它，但是相对来说，好像好一点。不过，也没有让我有一种豁然开朗的感觉。

咨询师：那么在你翻转之前和翻转之后，这张扑克牌的意义对你来说有什么变化？

来访者：觉得我心里的这件事，还有一点点能让我放松的感觉。

咨询师：现在再回忆起这件事，你心里有什么感觉？

来访者：（语速加快）觉得，可能也没什么，是我想得太多了。

咨询师：经过这几分钟的咨询，和没咨询之前相比，这件事对你的影响有什么改变？

来访者：（语调平和、轻盈）嗯，这么说吧，觉得什么事都会过得去的，放开心态，什么事都会过得去的。

咨询师：现在看着眼前这张扑克牌和桌子构成的这个空间，再次命名的话，你会怎么命名？

来访者：安好。

咨询师：好的，接下来，进入咨询的第二阶段，梳理阶段。非常认真体会一下，从咨询开始到现在整个咨询过程中，你的情绪、躯体和认知的改变，以及对这件事的态度的变化，或者其他的感受，有什么就写什么。用大约

5 分钟的时间，以文字的形式记录下来。当你写好之后，我们再进入咨询的第三阶段。

第二阶段：梳理

来访者独处，思考并记录咨询中的收获和体验。

第三阶段：反馈

咨询师：请你大声读一读你记录的内容。

来访者：在我看来，自己把这件事看得很重，心里一直装着这点儿事。但没有付诸行动去找解决问题的方法，只是一味地想。

经过咨询，我感觉遇到问题要及时解决，而且总会有办法的。凡事都没有你想象得严重，总有雨过晴天的时刻。

咨询师：非常好啊。就如你所说的，也恰如刚才你在咨询过程中表现出来的那样，有时候是我们自己把一件事想得太大了，也太重了，重得让我们难以承受，使自己很压抑。而其实，很多时候，都是一些没有多少价值的小事件，是我们赋予了它沉重的意义，所以压着我们透不过气。如果我们换一个角度，很客观地看它，尽量减少主观色彩，可能事件就不会让我们有那么大的压力了。

接下来，我想给你留一个家庭任务。你先思考一下，在生活中的哪一个方面做一个小小的改变？一个很容易做到，又很容易坚持的小改变，就会让你的生活变得和从前不一样，让你的生活变得更美好。你会在哪个方面做一个小改变呢？

来访者： 我正想这个问题呢，我觉得我的生活要有仪式感。我觉得我过去的生活稀里糊涂，逢年过节也没什么仪式感。从现在开始我的生活要有仪式感。

咨询师： 这个改变真是太好了，这真是一个既智慧又务实的改变。

来访者：（较前一句语气减弱）但是我不一定能做好，我要努力改变。

咨询师：（在咨询过程中发生的自我改变没有得到充分强化，可能导致来访者的信心不足，此时要鼓励来访者相信自己的改变是真实的）没有关系，你能想到这件事，就代表你发现了这个问题。而你不仅发现了这个问题，还愿意为之做出改变，做出努力，让生活变得更美好。（振奋性鼓舞。）

来访者：（轻松的）是的。

咨询师： 任务呢，就围绕着你这个小改变来进行。具体要怎么做呢？

来访者：（想了想）一时也想不起来。

咨询师： 每次重大节日或是纪念日之前列一个计划，从几个方面，比如吃的、玩的，请什么人，去什么地方，安排的程序，等等，你都可以考虑。周末，有时间的时候安排一天或者两天的活动，可以先练习做一些小的仪式性的活动，不要太复杂，难度不大的一两件事就可以，例如吃个饭，看个电影，或者对你来说更容易的。难度太大容易疲惫，不容易坚持。类似这样的任务，你做起来难不难？

来访者：（语气轻盈，欢快）不难，就是不一定能做好。

咨询师：你是不是又把它当成黑桃 9 了。（发现来访者的不良认知，要及时提示并帮助来访者做出改变。）

来访者：（开怀）哈哈，从方块 4 开始做！

咨询师：是的，没做的时候想着挺难，行动起来就容易了。（适时鼓励。对于每个人来说改变习惯都会面临考验，在咨询室中有心理咨询师的陪伴对于来访者来说是安全的，但到了生活中想到要重新面对生活琐事，来访者有一些退缩是正常的。咨询师要鼓励来访者增加信心和勇气，积极改变，将咨询室中的成果应用到生活中。）可以从其中的一种开始，或者你可以选择其他你认为容易的能坚持的方式。

来访者：好的。

咨询师：在咨询的最后，仔细体会一下此时此刻你的心情，如果再来打个分，会是 0 分到 10 分之间的几分。

来访者：8 分。

咨询师：好的。如果没有其他问题，我们就带着这种 8 分的感受结束这次咨询。

来访者：好的，再见。

咨询师：再见。

咨询总结

在整个“自主咨询”过程中，来访者并没有也不需要向咨询师叙述让他产生负性情绪的事件的具体经过和细节，因为咨询师是否了解这些细节，对来访者的自我成长没有影响，来访者是在跟随咨询师提问的过程中自我探索、自我反思、自我体验而获得了自我改变和自我成长。在“自主咨询”中，来访者的“自主”是“改变”的关键。

这个案例中的来访者自我感受性很强，具有较好的自我反思能力，并有积极的、想要改变的态度。在思考生活中的小改变时，她立刻提出了可操作的意向，思维敏捷。情绪体验较清晰，能准确地用语言描述，因而咨询效果较好。良好的咨询效果不仅体现在咨询前后评分的改变，也体现在咨询过程中并不需要咨询师做出额外的认知调整，在“自主咨询”标准化的基本框架中也可以很顺利地推进咨询进程。来访者的负性核心观念的瓦解和改变较为明显，能自主建立新的良性认知体系。

并不是每一个来访者，或同一个来访者面对每一件事都能有良好的自我觉察能力，在咨询过程中，咨询师要随时评估来访者对问题和要求的反应，在“自主咨询”框架内积极鼓励来访者获得对“自主”解决问题的信心和能力，同时获得成功的体验，以便来访者可以在生活中得到真正成长和改变。

扑克牌作为中介物的特点

扑克牌是一种几乎可以在全世界范围内使用的中介物。

首先，扑克牌是一种世界范围的游戏。全世界大多数人都能理解扑克牌花色和点数的含义并了解一两种扑克牌游戏的规则。无论是在中国或其他国家，用扑克牌作为道具的游戏都有很多种，花色和点数在不同游戏中具有不同意义。人们在使用扑克牌的时候可以根据某种游戏的规则也可以根据自己的感受，为事件投射物的扑克牌赋予意义，无论以什么方式，都对实现咨询目标没有妨碍。

其次，扑克牌相对而言更容易取材。由于扑克牌是一种世界范围的游戏，它的分布也是在世界范围内分布的，并不局限于某一国家或地区。扑克牌被各个售货中心普遍贩卖，人们可以很容易地在货架上发现。而且，扑克牌价格低廉，人们使用它作为道具并不需要考虑投入的经济成本带来的压力。扑克牌，作为一种普及性强、容易获得、价格低廉的游戏道具，非常适合“自主咨询”的特点——人人可用，时时可以，处处可用。

再次，扑克牌游戏通常没有明显的国家、民族、宗教特点，较为中性、平和。任何一张扑克牌的指代作用在不同游戏都可能是不同的，当脱离某种游戏规则时，每一种扑克牌又都几乎没有特定的含义，这就使它的意义性可以完全根据来访者的意愿或者来访者自己的规则来理解。这个特点同时又消除了扑克牌的政治和宗教属性，更注重花色和点数的含义。因此，对于不同国家和地区的人们，无论宗教信仰和党派立场，都可以无障碍使用扑克牌作为“自主咨询”的中介物，几乎不会触及一些敏感的禁忌。

最后，扑克牌还有一个大多数中介物没有的优势，就是它只有花色和点数，没有文字和复杂的含义及规则。作为一种游戏，它可以不受文化程度的限制；作为中介物，它也可以不受文化程度的限制，可以被不识字的群体使用。“自主咨询”对智力水平有一定要求，要求能做到理解问题或要求的含义，但对文化水平没有要求，能做到“人人可用”，其中就包含了为不识字的群体提供帮助，因为可以选用扑克牌等诸如此类不受文化程度限制的中介物。

虽然作为“自主咨询”的中介物扑克牌与文字相比有一个缺点，就是它的普及性没有文字广泛，不是每个家庭每个人在生活中随时随地都准备了或可以使用扑克牌。但是，就世界范围而言，扑克牌是一种在大多数国家和地区应用“自主咨询”时都较为理想的中介物。

惊涛骇浪的追忆

中介物：文字

来访者背景

刘先生，35 岁，山东籍，企业员工，有十多年军旅生活经历。妻子是私企员工，共同育有一子一女。

访谈中来访者叙述因没能参加最好的朋友的葬礼感到痛苦。

咨询过程

第一阶段：咨询

请来访者找一本书，不要翻开。

咨询师：请你想一想引起你情绪的这件事，仔细体会一下此时的情绪。请你为此时此刻的情绪打个分。如果0分是最低分，表示糟糕透了，10分表示你人生最快乐的瞬间，那么，在0分到10分之间，你会给此时此刻的情绪打几分？

来访者：（沉思，语气低沉）1分吧，1分或者0分吧。

咨询师：想到这件事的时候糟糕透顶吗？（确认信息。来访者的评分非常低，甚至达到极值，此时咨询师要进行确认，评估是否是重大事件或是对来访者影响非常大的事件。如果是，就要评估是否适用“自主咨询”，因为“自主咨询”只针对“生活琐事”引起的“小情绪”，对人生有重大影响的和引起巨大情绪波动的事件一般不单独使用“自主咨询”。）

来访者：（语气低沉，沮丧）是的。我最好的朋友去世了，我都没能参加葬礼。

咨询师：现在的情绪是一生中最糟糕的状态吗？（这是一个谨慎而具有提示性的问题，目的不在于确认信息，而在于聚焦在“情绪”两个字——“这件事让此时此刻的情绪跌入人生中最糟糕的感受中”，而不是“这件事让人生跌入最低谷”，这两者有根本差别。）

来访者：对。

咨询师：接下来请你心里想着引起情绪的这件事，如果让你用一个字来代表这件事的话，你会用什么字来代表？注意，是用一个字来代表这件事现在的样子，而不是你希望这件事是什么。

来访者：一个字？

咨询师：是的，一个字。

来访者：用一个字不太好表达啊。

咨询师：嗯，用一个字代表这件事。（温柔而坚定地确定要求。）可以结合自己此时的情绪和这件事本身。（当来访者回答问题或完成要求有阻碍时，咨询师可以根据具体情况判断来访者的阻碍是因为对问题或要求的阻抗，还是任务确实完成难度较大，要帮助来访者克服阻碍继续咨询。这里来访者感到“不好表达”更倾向于任务困难而不是阻抗——一件对自己情绪影响极大，评估为 1 分或 0 分的事件，只用一个字代表是有难度的。因此，咨询师可以给来访者适当提示。）

来访者：（声音发抖）涛，他的名字。（恢复正常）每次提到他这个人，或者提到他这个名字，就很影响情绪。

咨询师：这个字对你来说代表什么？

来访者：（沉思）一段回忆，一份很特别的情感。

咨询师：当想到这个字的时候，有什么感觉？情绪和身体感觉？

来访者：（沉思良久）难过，惋惜，特别无奈。想到他就会忍不住有挠头、搓脸这样的小动作，感觉非常沮丧。

咨询师：嗯，忍不住有小动作，非常沮丧。（此时的重复起到共情的作用。）接下来，当我提示你翻书的时候，把你面前的书随机翻到一页，看看第一个字是什么。仔细体会一下看到这个字的一瞬间，你的情绪和身体感觉。

现在请翻开任意一页。你看到的第一个字是什么？

来访者：是一个"中"，"中国"的"中"。

咨询师：说一说看到这个"中"字的一瞬间是什么感觉？（用文字做中介物时，出现和来访者最初所用的字相同的可能性很小。虽然无论是不是和猜测的相同，来访者都会有所体验，即便出现重复也可以继续进行咨询。但是，因为文字的选择比其他中介物更多，而且由于文字自身意义性的局限，如果出现和来访者猜测的字相同的情况，建议经来访者同意后用同样的规则换一个字代表事件。换一个文字对咨询更有利。）

来访者：（想了想）没什么感觉。

咨询师：嗯，你开始认为这件事可以用一个"涛"字来代表，但翻开书之后，是一个"中"字。（释义的作用是帮助来访者整理咨询过程，以便打开思路。）

来访者：（想了想）没什么特别的感觉，就觉得挺平常一个字。

咨询师：感觉很平常。"中"字对你来说有什么意义？（哪一个字并没有那么重要，借用一个文字或事物帮助来访者打开思路，发现事件实际的样子与自己认为的样子有差异，从而可以自主地做出改变，才是"自主咨询"帮助来访者自我成长的动力。因此，无论来访者翻到的是什么字，帮助来访者打开思路，促进改变是问询的目的。当来访者的思路受到局限时，就要在“自主咨询”的问询框架下引导来访者突破思维的桎梏。）

来访者：没什么特别的意义。

咨询师：如果让你用“中”字，组词的话，你最先想到什么词？（当文字不足以调动来访者的思路，可以扩展。）

来访者：（想了想）中庸。

咨询师：嗯，中庸。当你想到这件事的时候，你认为它是“涛”，有巨大的力量，让你的情绪到了1分，甚至是0分。而其实，当你翻开书看到的代表这件事的却是一个“中”字。（释义是为了对比，对比来访者认为的事件的样子“涛”和事件实际的样子“中”，差异很大。）那么，这件事本身，是不是也是一件平常的事呢？生老病死，有时候我们很难把控，朋友去世你感到悲伤，这是正常的情绪，就像“中庸”之道，不大悲，不大喜，就像“中”字，没什么特别的，是人之常情。（在来访者本人的表述中寻找资源，用来访者的合理认知来调整不合理认知，重建认知构架。当新的认知构架建立，旧有不合理构架就自然解体。很多时候来访者自身是有资源的，这些资源可以解决当前的问题。来访者之所以拥有解决问题的资源还会陷入负性情绪，就是资源使用不合理，咨询师的作用就是帮助来访者意识到这种情况，并帮助来访者合理使用自我资源，获得成长。）

朋友去世你感到悲伤，本该是中庸而又自然平常的、人之常情的一件事。而你用这么大的力量，甚至把自己弄得一想到这件事就马上进入了情绪最糟糕的时刻，用这么大的力量来思念你的朋友，让他如何安宁呢？古人说“五福”，“五福”之一“福”就是“得善终”，也就是去得安宁。你把本该是正常的悲伤，变成了如此大的力量，如同惊涛骇浪的力量来思念他，你的朋友能“去得安宁”吗？而其实，生老病死，不过是一件平常的事，你的悲伤也是一件人之常情的事，就像这个“中”字。（这段话基于咨询师对来访者的了解，一个特殊职业的来访者，性格坚毅、顽强，大情大性，大开大合，点破迷津则一通百通。“自主咨询”对具专业背景的咨询师在咨询室中使用和普通大众在生活中使用的要求不同，其中就要求咨询师对来访者要有一定了解，不能用于首次咨询。同样的语句对于不同的来访者作用不同，咨询师使用“自主咨询”要立足于咨访双方的熟悉和信任。）

（以上这段话咨询师都在调整来访者认知，用来访者的思维来解决来访者面对的问题是一种重要的咨询策略。）

现在再看这件事，你认为这两个字哪个字更能代表它？（这是一个封闭的选择题提问，是在“涛”与“中”之间的选择，是在前面认知调整之后马上做出选择。）

来访者：（想了想）是个“中”字。

咨询师：你看到这个“中”字，是什么感觉？

来访者：（语气平和）很平常。

咨询师：看着这个字的时候，你有什么情绪和躯体感觉呢？

来访者：（语气平和）情绪，感觉挺放松的。觉得这也确实是个平常的事，没必要用太多精力，或者说太多心思去想这个事。

咨询师：你现在再回忆起这件事，身体和情绪是什么感觉？不是看着这个字，而是想到这件事时的感觉。

来访者：现在再想这件事的话，觉得，（释然的语气）是命运吧，命中注定吧，或者……怎么说呢，就好像它会在那里等着发生一样。

咨询师：我们咨询了这几分钟，你再来总结一下和咨询之前相比，这件事对你的影响有什么变化。

来访者：（想了想，语气平和）开始的时候很难过，现在觉得你说得有道理。其实有时候自己心里也会想到这些道理，但是就是绕不过来这个弯。现在觉得，这个事发生了也就发生了，坦然面对，用一个好的心态，平常心去面对它，就完了。

咨询师：接下来，用 5 分钟左右的时间，请你非常认真地体会一下，从咨询开始到现在整个咨询过程中，你的情绪、躯体和认知的改变，用非常简练的语言以文字的形式记录下来。写好之后，我们再继续访谈。

第二阶段：梳理

来访者独处，思考并记录咨询中的收获和体验。

第三阶段：反馈

咨询师：现在请你大声地读一读你梳理的内容。

来访者：感觉这个事情已经过去了，应该用一种相对平和的心态去面对。开始咨询时自己的肢体紧张，感到手足无措，咨询后是放松或者说是轻松的感觉，觉得以后想到这件事也能坦然面对。心里祝福他。

这个事，就让它过去吧。

咨询师：在你梳理和总结的过程中，遇到什么问题了吗？

来访者：（语气平缓）没什么问题。我还是比较能够拿得起放得下的，想通了，也就过去了。

咨询师：没什么问题的话，我要给你留一个任务。如果你在生活中做一个小小的改变，就会让你的生活变得不一样，这个改变是很容易做到又很容易坚持的一个小改变。你会在哪一个方面有点小变化，让你的生活变得更好，或者对你的情绪有帮助。

来访者：如果对生活有改变的话，就是工作了。对自己要求严一点儿，多加班，多赚钱。

咨询师：嗯，多加班了，钱赚得多了，但有可能会导致身体被拖垮，再花钱治病不说，自己还得受罪承受痛苦。

这是个改变，但看起来有收益的同时，也承担了很大的风险。有没有这样的情况，你有了小变化，只有受益，没有风险的，对你的生活或是情绪还会有好的影响？（协商家庭任务要注意保护来访者。家庭任务是一种以强化咨询成果为目的的行为改变，是为了让来访者在生活中也获得在咨询室中的成长，让咨询成果可以应用于生活形成更好的心理和行为习惯，不能建立在损害来访者的身心健康的基础上。）

来访者：如果说对情绪有影响的话，就是老婆少抱怨，孩子多听话。

咨询师：哈哈，这都是让别人做改变。那你做点什么老婆就会少抱怨，孩子就会多听话？（家庭任务是帮助来访者建立良好的行为习惯，而不是试图改变来访者身边的其他人。如果来访者认为他人是自我的重要影响因素，也需要对这种他人影响的情绪进行心理咨询，则要和咨询师约定另外的时间进行咨询，以便对这些观念做出更为详细的解析和处理。但是，在“自主咨询”中，咨询与成长都是围绕着来访者当下的事件进行的，家庭任务也要由来访者独立完成。）

来访者：（轻松）我不用上班的时候，早晨赖床，老婆起来做饭。做好了我也不起，老婆就总抱怨。那我就天天早起吧，她抱怨少了，我的情绪就好了。

咨询师：嗯，你的工作性质是需要倒班的吧，天天早起，能坚持多久？

来访者：（开怀）哈哈哈哈，坚持不了多久。

咨询师：哈哈。那么既然工作性质决定了这个行为方面的改变不容易坚持，那咱们就语言方面做点改变。以后人家早晨起来辛辛苦苦做饭，自己赖床起得晚，那咱就多说点好话感谢人家，诸如“老婆辛苦了！”“还是老婆做饭好吃！”等。你的工作很忙，老婆带孩子，把你那份养育的责任都承担了，咱就多说说“带孩子不容易，老婆你受累了”。

来访者：（轻盈快速）这个能做到。

咨询师：那就按刚才说的留个作业，每天早中晚，如果中午能见到老婆的话，早中晚各说一次赞美或者关心老婆的话，多了不限，但是至少有一次。天气凉了，说一句“老婆，今天天气不好，你加件衣服”，晚上回来说一句“老婆，你做了这么多家务，辛苦了”。

这个作业难不难完成？

来访者：这个不难，哈哈。

咨询师：好的，从这个小改变开始，改变生活，改变你的情绪。这么做，时间长了老婆的情绪也好了，生活也就更美好了。

现在再来仔细体会一下此时此刻你的心情，如果再来打个分，会是 0 分到 10 分之间的几分？

来访者：7 分或 8 分吧。

咨询师：好的。今天的咨询就到这里。

来访者：再见。

咨询总结

来访者最初的基础评分过低，对这件事的心理处理可能陷入了思维狭窄。因而，咨询师在不改变“自主咨询”基本框架的情况下，积极干预，帮助来访者调整认知是非常必要的，也是行之有效的。“自主咨询”是一种有弹性的咨询方法，不苛求于必须按标准化程序进行，也不拘泥于自始至终的“自主”性，“自主咨询”的核心目的是帮助人们解决问题，它体系的结构性和方法的纯粹性都是可以改变的，有弹性的，为核心目的服务的。

在咨询过程中咨询师全程都在调整认知，用来访者的思维解决来访者面对的问题是一种重要的咨询策略。很多时候来访者并不是缺少应对生活事件的资源，而是没有找到恰当的资源应对当前的事件，或者习惯性用自己熟悉的方式和资源解决事件，而这些既往经验并不总是成功经验。因此，就会出现来访者不断地用已有经验解决不同问题，有时有效，有时混乱。

咨询师在咨询的有效时间内帮助来访者寻找和调动自我资源并合理运用，用不同经验解决不同问题。有些时候来访者确实缺少解决问题的资源，这就需要咨询师的建议，但更多时候来访者面对的问题是资源和经验运用不合理，咨询师只要帮助来访者找到合理资源即可，这也是为什么心理咨询常说“来访者是来访者问题的专家”。“自主咨询”的自主性也有赖于来访者的这一心理特点，在“环式问询”的框架中自我探索，找到适合解决问题的已有经验和资源，实现自我改变“自主”地解决面对的问题。

这个案例的特殊性在于来访者对事件的基础评分非常低，说明这件事对来访者的影响非常大，在这种情况咨询师要评估对这件事的处理是否适用“自主咨询”。由于咨询师与来访者在此前的多次咨询中已经建立了良好的咨访关系，并对来访者的人格特质和个性特征有所了解，即便起始评分较低，也是有条件使用“自主咨询”帮助来访者解决问题的。“自主咨询”不宜用于首次咨询，要建立在良好的咨访关系基础上，才能更好地发挥作用。

反馈阶段，来访者对未来的改变主要围绕家庭生活提出的，从自己多赚钱，到对妻子孩子的期待，到最终决定自己做出一些改变来让生活发生变化，这些似乎与咨询最初提出的事件不相符。但这恰恰体现了来访者内在的改变，关注点已经从“人生中糟糕透顶”的事件转移到了日常生活，这种变化是自主产生的，是经过咨询后自然而然变化的结果，也是来访者在这次咨询中取得成功的表现。来访者经过咨询能不受负性情绪的干扰，以平和的心理状态回归到日常生活也是“自主咨询”的目标。

本案例，来访者从最初的极端评分到最后较高的评分跨度很大，这与“自主咨询”本身的特点分不开。“自主咨询”重在来访者的“自主”，因为“自主”，改变和成长都是主动的，自我完成的，而不是在咨询师的价值和心理框架下完成的，因而，来访者的改变也就更显著、更真实，也更持久、更具有现实意义。

文字作为中介物的特点

文字作为中介物，它的易得性要好于其他中介物，可以来自一本书或杂志，也可以是街边广告牌或产品包装袋，文字的来源基本没有限制，只要是来访者能够再认、能理解的文字都可以使用。这种特点决定了文字几乎在任何地点都可以作为“自主咨询”的中介物，例如，在公交车或地铁中，使用者可以利用街边广告牌或电视广告的文字，在没有纸质阅读材料的环境，可以利用电视、视频等的字幕，等等。总之，由于文字的出现较为普遍，使用文字作为中介物也更容易获得。

文字与扑克牌、字母、棋类相比，可选择的范围更大。由于文字的数量远远多于一副扑克牌的花色等的数量，它的变化也更多元、更广泛。一方面，来访者可以有更大的选择空间，更容易选择到能代表事件的文字，使潜意识意识化的程度更高；另一方面，来访者选择的文字和实际的文字相同的概率相对较低，在实际文字出现时，对来访者的冲击更大，促进来访者自我探索和改变的力量也更强。

同时，文字投射的含义不仅仅来自读音或字形，它具有综合性，是读音、字形、语义、组词的综合体，含义更为丰富，可以让来访者对事件的感受表达得更清晰、更完整、更全面。

但也必须指出，文字作为中介物也有一定的局限性。

第一，容易受到文字本身含义的限制。文字具有意义性，来访者在使用文字代表事件以及对文字进行解读时，都会不可避免地在潜意识中受到文字本身意义的影响，思维局限于文字本身的音形意词，使潜意识里不易被感知的情绪和认知在被觉察和表达时都受到限制。

第二，很多文字本身通常就具有一定的感情色彩，例如具有褒贬和禁忌。有些文字不需要通过组词就具有一定的情感色彩，如奸、亡、好、美等。当来访者看到代表事件的实际文字是这些具有一定情感倾向的文字时，可能会受到影响，产生具有同样倾向的解读，这种解读可能是对情感和认知有积极意义的，但也可能是有消极意义的。当由于文字本身而使来访者的情感倾向受到消极影响时，咨询师应及时疏导，促进来访者向积极心理方向转变。

不可否认，任何一种中介物都不是十全十美的，但文字作为中介物的优势也是非常明显的，并且在“自主咨询”被广泛使用过程中，文字的使用频率相对较高，这充分说明文字作为中介物无论易得性还是使用效果方面都受到人们普遍青睐。

平静的潘多拉

中介物：英文字母

来访者背景

李女士，40岁，新疆某中学教师。丈夫也是当地中学教师。访谈中来访者叙述因失眠感到焦虑。

咨询过程

第一阶段：咨询

咨询前将写有英文字母的卡片放好，背面朝上，字面朝下。

咨询师：你想好了要咨询的事了吗？

来访者：想好了，我总担心失眠。

咨询师：请你想一想引起你情绪的这件事，仔细体会一下此时的情绪。请你给此时此刻的情绪打个分，如果 0 分是最低分，表示糟糕透了；10 分表示你人生最快乐的瞬间。那么，在 0 分到 10 分之间，你会给由这件事引起的、此时此刻的情绪打几分？

来访者：（想了想）3 分到 4 分之间吧。

咨询师：接下来请你心里想着引起情绪的这件事，随机选择一张写着字母的卡片，用来代表这件事。注意不要翻过来，不要看到卡片上的字母。

把这张卡片放在你面前的桌子上，找一个你认为恰当的位置，安置好。然后请你看着这张卡片，想着引起你情绪的这件事，仔细体会一下此时此刻的情绪和身体感觉。

来访者：总担心失眠，一想到就怕影响第二天精神，长期的话，还怕影响身体。

咨询师：当你想到睡不好影响第二天精神，影响身体的时候，心情怎么样？（生理和心理有密切的联系，相互影响，这是为全世界心理学界和医学界所认同的观点。当来访者出现与心理影响明确相关的生理症状，例如心因性失眠等，从心理因素入手干预生理调节就非常有必要，也更可能获得成功，帮助来访者摆脱这类困扰。）

来访者：心情还可以，就是有点担心。

咨询师：当你看着这个代表事件的字母卡片的时候，你的身体感觉是什么？（身心一体。来访者的困扰主要来源于身心协调方面，在咨询过程中关注情绪的同时关注身体感觉，对解决来访者面对的问题是有帮助的，也是必要的。此处提问可以帮助来访者在咨询一开始就关注身体，不仅仅是情绪与睡眠之间的相互影响，还要关注到情绪与身体其他方面的相互影响。）

来访者：感觉身体有点热。

咨询师：现在，请你想着失眠引起焦虑这件事，这个卡片上的字母代表这件事，你认为它会是什么字母。注意，这个字母代表这件事现在的样子，而不是你希望它的样子。

来访者：B 吧。

咨询师：大写还是小写。

来访者：大写。

咨询师：是一个大写的 B。大写的 B 对你来说是什么含义？

来访者：（想了想）没什么含义。

咨询师：那你为什么没用其他的字母代表这件事，而是用大写的 B 呢？

来访者：是因为它的读音比较不好听，长得也不好看。

咨询师：是因为你认为它不好听也不好看，所以用它来代表这件事。当你想到这个字母时的情绪，和你此时的情绪是否相符呢？

来访者：相符。

咨询师：当你此时此刻想到代表这件事的大写的 B 的时候，你心里是什么感觉呢？

来访者：那就是要把它赋予意义了？

咨询师：是的，是要把它赋予意义，它代表这件事。（当来访者对咨询师提出的任务或要求感到迷惑或者不清晰，咨询师要及时做出解释，以便来访者的自我探索能顺利进行。）

来访者：不知道啊。

咨询师：那么就是说虽然你用这个字母代表这件事，但你此时，对它并没有一个清晰的明确的认识，或者说在认知方面是比较模糊的。是这样吗？（概述来访者目前的情况，帮助来访者看清自己当下的生理和心理状态，有利于下一步更有针对性地自我探索自我突破。由于多种因素影响，有些时候来访者并不能很清楚地用语言表达自己的内心体验，例如来访者焦虑水平较高时，较难进行深刻的自我体验。咨询师遇到这类情况要表现充分的耐心并引导来访者循序渐进地进行自我探索。）

来访者：嗯。

咨询师：好的。现在你看着代表这件事的这张字母卡片和桌子构成的空间。如果让你给这个空间命名，你会起一个什么名字？

来访者：（想了想）潘多拉。

咨询师：接下来当我说"翻转"的时候，你把这张字母卡片翻开，看看上面的字母。仔细体会一下当翻开这张卡片你看到上面字母的一瞬间，你的身体感觉和情绪。现在，翻转。注意翻转之后还把卡片放在原来的位置。

来访者：哦，是个大写的 L。

咨询师：翻转一瞬间，看到大写的 L，你的身体感觉和情绪是什么样的？（提示来访者注意关注躯体感觉，一方面很多来访者的情绪表达受阻往往因为负情绪已转换为躯体感觉，另一方面，根据来访者的特点，是心因性失眠，并由此引起继发的焦虑明确地涉及自主神经调节等生理因素。）

来访者：（想了想）不是 B。感觉还挺好的。

咨询师：这个大写的 L 对你来说代表什么含义呢？

来访者：（语气较轻盈）应该是好事的意思。

咨询师：嗯，是好事。这个大写的 L 是真正代表这件事的样子。

来访者：它也代表这件事吗？

咨询师：这张字母卡片本身就代表这件事，刚才你认为它是 B，而其实它是 L。在翻开之后，你的身体感觉和情绪有什么变化呢？

来访者：（有点急切的语气）我感觉它不应该代表我这件事。

咨询师：它为什么不能代表你这件事呢？（来访者感到质疑是由于实际看到的字母在自我认知中的价值与影响倾向和来访者原来对事件的认知差异比较大，感到困惑，因而否认。咨询师应帮助来访者调节认知并树立信念——来访者认为的事件的样子或许并不是事件真实的样子。事件的真实影响究竟是不是与实际看到的字母在来访者认知中的体验相同，并不重要，目的在于促进来访者探索和改变。）

来访者：因为这个字母挺好的。

咨询师：哦，这个字母挺好的，也就是说，你把这个字母牌卡片翻开之后，看到真正代表这件事的字母，你发现它和你认为的情况不一样了，是这样吗？

来访者：是的。

咨询师：比你预期的要好一些？

来访者：是的。

咨询师：你觉得它不应该是这种情况，但是也许这件事真的就没有那么糟糕，它确确实实就是你看到的样子，而不是你认为的那样。（帮助来访者认识到实际发生的和来访者原有认知存在差异。）现在再回忆起这件事的话，你的情绪和躯体有什么感觉？

来访者：（语气平和）没看见它（字母L）觉得还是有点沉重的，看完了觉得也可能是正常的吧。

咨询师：经过这几分钟的咨询，你对比一下，这件事对你的影响在咨询前后有什么变化？

来访者：嗯，当揭开它的真面目，它好像也没有那么令人厌烦了。

咨询师：现在请你对这个桌子和这个写着L的卡片构成的空间命名，你会起什么名字？

来访者：平静的。

咨询师：接下来，用5分钟左右的时间，请你非常认真地体会一下，从咨询开始到现在整个咨询过程中，你的情绪、躯体和认知等，哪方面有改变，用非常简练的语言以文字的形式记录下来。写好之后，我们再继续访谈。

第二阶段：梳理

来访者独处，思考并记录咨询中的体验和收获。

第三阶段：反馈

咨询师：现在请你大声朗读你写的内容。

来访者：之前想到这件事感觉担心、焦虑、心情沉重，身体会发热。翻开之后发现和本来想的是不一样的，感觉这个应该是轻松的，不是那么严重的事，身体也不发热。

咨询师：带着这些感受想一想，你在生活中的哪方面做一个小小的改变，很容易做到又很容易坚持的一个小改变，就会让你的生活变得不一样？

来访者：我现在的改变吗？还是关于这件事的改变？

咨询师：都可以啊。

来访者：我希望做的小改变，就是锻炼身体。

咨询师：这是一个非常好的计划！你要怎么锻炼呢？具体说说。

来访者：我现在的锻炼就是走步和做瑜伽。

咨询师：非常好啊。（振奋性鼓舞。）你运动的频率是怎么样的？坚持多久了？

来访者：（略带欢快）一周五次！坚持了一周还不到呢！哈哈。

咨询师：那也不错了啊，已经开始就是胜利。（振奋性鼓舞。）这是一个很好的改变，对身体健康有好处，也对改善失眠和焦虑有益。（肯定来访者的任务，建议坚持下去。）

运动的时候，不要太剧烈，根据你自己的实际情况做运动，还要注意持续性。每天做适量运动比集中一两天做大量剧烈运动对身体更有益，而且也更容易坚持。（根据来访者的具体情况给出合理建议。每个来访者的具体情况有差异，身心状况和生活状况都可能成为影响任务完成的决定因素。咨询师要根据每个来访者的实际情况，综合评估任务的功能和可行性。）

根据现在的天气情况，可以适当多做一些户外运动，做一些有氧运动。但是注意不要达到那种大汗的程度，能达到微汗就可以了。（和运动相关的任务要评估来访者的实际身体状况，可以因时因地制宜，提供建议。）

现在你要做的小改变是做运动，你怎么落实它？每天大概什么时间，在什么地方，既不影响生活，不影响工作，也不使自己过于疲惫？你可以计划一下。

来访者：我每天早上七点半到八点半吧。

咨询师：是步行上班吗？（细节的关注，让计划更合理，更具有可行性。）

来访者：不是，我家距离工作单位很近。

咨询师：如果是这样，可以每天有一个固定时间，专门来做运动，作为习惯巩固下来。找一个不容易被打扰，不容易间断的时间段。你打算每天什么时间运动走步？我们来讨论一些细节。

来访者：第五节课，第六节课。

咨询师：这个时间是刚吃完中午饭不久，不宜过多运动啊。（当咨询师发现来访者的计划可能出现不合理的细节，要和来访者进行讨论，以消除可能对来访者身心造成不利的因素。）

来访者：我们是吃过中午饭之后两个小时才是第五节课。

咨询师：这样行，那是很好的时间段。我们有了时间计划还不够，还要把任务量化，制定一个评估机制。如果两周里能够坚持八天，也就是平均每周四天的运动，对你来说难不难？

来访者：不难。

咨询师：那么两周以后就可以给自己一个小奖励，看场电影或者去喜欢的餐厅吃饭，等等，做一件能让你愉悦的事作为鼓励。因为这个计划并不难，而且不仅对你身体健康有帮助，还会对情绪，比如焦虑有调节作用。

来访者：（欢快）我能坚持！

咨询师：好的。现在仔细体会一下此时此刻你的心情，再来打个分，会是 0 分到 10 分之间的几分？

来访者：8 分

咨询师：好的。那这次咨询就结束了，从今天开始坚持你的计划。

来访者：好的。

来访者咨询后感受

睡眠问题困扰我有十年多了吧。作为资深患者，知道这是心理焦虑引起的神经不正常，有时候不愿意提这个问题，因为怕给自己心理暗示，过度关注反而增加心理暗示。在这次咨询里，被问到对睡眠的感受，心里是觉得不安的、焦虑的，神经是紧张的，所以用了一个不太喜欢的字母代替这件事。可是当翻过来卡片的时候，觉得不真实，和我心里想的不一样了。也许事情就是这样，我所回避的、焦虑的事，其实是另一个面目。我先要改变看法，学到了要做正向的心理暗示，要告诉自己很困，也告诉自己，原来的看法是不对的。还要做一点改变去改善情况，而且要坚持，每天在固定的时间以便于形成习惯。以后做什么我都要给自己积极的暗示。

咨询师的回复

记住这种感受。有时候我们只是给我们的担忧找了个理由，而事情本身没有色彩。如果一件事它来了，请坐品茶，它想走了，慢走不送，就像天上的雨，来去都自然而然，顺其自然，就算天下大雨也不会影响心情。坚持运动，身体棒棒的，就算遇上大雨天，跑得快，还可以少溅很多泥点子呢！

咨询总结

焦虑是心理咨询室中常常出现的情绪，因焦虑来咨询的来访者远多于因抑郁而来的。焦虑是一种指向未来的情绪。通常人们在生活中都会产生或多或少的焦虑，这是一个正常人正常的心理反应，对任何事都没有焦虑情绪反而可能是心理障碍，需要进一步评估。适度焦虑对人们处理生活事件完成正常的社会功能是有帮助的，在一定程度上还会促进行动效率。但焦虑水平过高就会影响效率。

焦虑有时看似是由事件引起的，但实际情况是有些来访者已经处于焦虑情绪中，将情绪归因于事件，也就是并非先有事件再有情绪，而是人们无法解释情绪的时候，将事件的存在或发生当作情绪的诱因，即便这件事已经解决，人们也还会再寻找其他事件来解释自己的焦虑情绪。这种模式可以起到缓解焦虑的作用，但并不能真正解决根本问题。如果人们能够意识到这种思维模式的存在，并在认知层面进行调整，则会对降低焦虑有帮助，有利于人们改善“焦虑—事件—焦虑”的不良循环。

失眠的原因较为复杂，其中也有心因性因素。失眠可能会引起焦虑，而焦虑也是引起失眠的因素之一，两者常常相互作用。失眠会因与焦虑相互作用而加深，因此在进行与失眠相关的咨询时，关注来访者是否有焦虑情绪并进行干预会对改善失眠有帮助。

焦虑本身也会产生焦虑，人们会因对曾经发生过的焦虑的不良记忆而产生焦虑。高焦虑状态的不良身心体验会形成记忆，即使人们并没有面对引起高焦虑的事件，也会因为这些记忆而产生焦虑，就像对曾经发生过的失眠感到很畏惧的人即使在睡眠较好时，有时也会因回想起失眠时的痛苦而产生对失眠的焦虑。

心理暗示不同于催眠，它更容易掌握而且应用较为便捷。心理暗示可以作为一种心理能力，不局限用于引起来访者情绪的事件，还会在来访者生活、工作、社交等多方面发挥作用，改变来访者的状态。积极心理暗示无论来自外部还是自身都对来访者建立良性认知构架有促进作用。外部作用是为了促进内部作用，帮助来访者获得积极心理暗示并习得积极心理模式和行为模式，在日常生活中运用合理认知提高适应性。因而，咨询过程中可以引导来访者有意识地运用心理暗示解决情绪、认知，甚至躯体相关的问题。

运动影响神经递质的分泌，是一种对改善焦虑和睡眠都有益的方式。来访者能自主选择一种适当的运动方式作为家庭任务，不但可以增加完成任务的内部动机，而且有利于来访者在日常生活中改变行为形成习惯。如果来访者没有提出将运动作为家庭任务，咨询师也可以提出建议，但要充分尊重来访者的意愿，经过协商确定家庭任务，如果来访者对运动或某种运动方式较为抵触，应改变任务形式。

字母作为中介物的特点

字母作为中介物表现形式丰富，它的多变性使它可以成为扑克牌之外另一种世界范围使用的中介物。

字母，可以是汉语拼音，也可以来自英语、日语、法语等任何语言，可以根据不同文化背景的来访者需要进行选择。由于在世界范围内有文字的语言大多具有字母，因而“自主咨询”在应用和推广过程中，可以不受语言限制，根据使用者对字母的熟悉和喜好程度自主选择用哪种语言的字母。这样既可以加大来访者自我探索的自由度，又可以让来访者专注于字母作为中介物提供的线索，不会因对某种语言的字母不熟悉而占用认知通道而分散注意力。字母作为中介物的可变性也使“自主咨询”变得更有弹性，更容易被不同语言文化的大众所接受。

字母的数量适中。无论哪种语言的基本字母都具有一定数量，既可以表现丰富的语言内容又便于记忆和使用，这也是“自主咨询”的中介物需要的条件。使用中介物的主要目的是将来访者对事件潜意识中的认知信息意识化，当所有信息都投射到一个具体的物体时，就可以对这些信息进行加工。如果数量过少则给来访者提供的可选项不充足，也就不足以体现来访者在事件影响下体会到的丰富的情绪情感和认知状态，潜意识中的信息也就不能被充分投射。如果中介物的内容不足，来访者需要更多的语言对它进行描述，也可能导致一部分潜意识的信息不能被表达，这都与“自主咨询”的咨询思想不相符。因而，在使用“自主咨询”选择一种中介物时，要能达到一定数量，能表现较为丰富的内容，给来访者提供一定的选择空间可以较为可靠地投射意识或无意识的信息。

字母能引起对词汇的联想。根据来访者的经验，字母会引起与之相关的相应词汇的广泛联想，相对于文字，字母引起的词汇的联想自由程度更高，所联想的词汇表达的含义也更复杂更广泛。字母作为中介物在表达和描述功能方面，准确性不如词汇，但作为一种起到替代和投射作用的物体，能引起词汇联想的广度要比精准性更为重要。在“自主咨询”中来访者用词汇表达由字母引起的以往经验的体会，也是字母替代功能的表现形式之一，这些经验可以是认知的也可以是情绪情感或躯体感受的。

字母有大小写等形态差异，也包括读音的差异，因而，除了字母作为文字基本元素的意义，还有形态结构和声音的意义，这些都可以成为来访者对事件投射的线索。不同来访者可能对字母大小写形式的敏感度不同，有些字母大小写的意义也有不同，还有些字母在形态上的差异会引起来访者的一些特殊联想，例如字母“S”会让一些来访者想到鱼钩等特殊物品。字母的这些特征都丰富了它所代表内容的广泛程度以及可表达的意义的弹性。

以字母作为中介物有很多优势，同时也有一定的局限性。

如果字母来源于非母语文字，来访者对字母的理解就要取决于对该语言的熟悉程度。如果来访者对字母的语言较为熟悉，则在对字母赋予意义时，词汇和语义的内容可能作为重要方面表现对事件理解的投射作用。如果对语言熟悉程度不足，在咨询中对字母形态、发音等就可能要多于对词汇的联想。尽管这样并不影响正常的咨询，但可能会造成一定的局限性，需要用更多语言进行表达和描述。

“自主咨询”是一种定位于“人人可用，时时可用，处处可用”的心理咨询方法，字母作为中介物可以根据不同地区、不同语言而改变，它的应用方式非常有弹性，能表达的内容和形式也非常丰富，字母作为中介物为“自主咨询”在世界范围内最大限度地被使用提供了一个很好的选择。

被当成“士兵”的“仕官”

中介物：中国象棋

来访者背景

李女士，38 岁，北方人，现为武汉事业单位员工。丈夫为武汉当地事业单位员工，共育一子在读小学。

此案例自始至终没有涉及影响来访者的事件，来访者在“环式问询”框架下“自主”完成咨询。

咨询过程

第一阶段：咨询

咨询前，咨询师把棋子背面朝上，字面朝下，放在盒子里方便来访者拿取。

咨询师：请你想一想引起你情绪的这件事，仔细体会一下此时的情绪，给此时此刻的情绪打个分。如果 0 分是最低分，表示糟糕透了；10 分表示你人生最快乐的瞬间。那么，在 0 分到 10 分之间，你会给此时此刻的情绪打几分？

来访者：打 5 分吧。

咨询师：接下来请你心里想着引起情绪的这件事，随机选一个棋子，用来代表这件事。注意你选的这个棋子不要翻过来，不要看到上面的字。

选好之后，把代表这件事的这个棋子放在棋盘上，找一个你认为恰当的位置，安置好。

来访者：放好了。

咨询师：请你注视着代表这件事的棋子，想着引起你情绪的这件事。仔细体会一下你此时此刻的情绪和身体感觉。

来访者：犹豫不定。

咨询师：嗯，犹豫的。还有吗？（更全面的表达。有时候来访者的自我探索或表达并不完全，咨询师可以适当引导和启发，但要注意不要过于深入，“自主咨询”的关注点是“小”，小事件，小情绪。）

来访者：犹豫的，不舍的，还很烦。

咨询师：身体有什么感觉吗？

来访者：胸口就像堵了一块棉花一样。

咨询师：现在请你带着这种情绪体验和躯体感受，猜测一下这个棋了，代表这件事的这个棋子是什么颜色、什么角色？

来访者：我觉得应该是一个红色的“兵”。

咨询师：红色的“兵”对你来说意味着什么？

来访者：（想了想）它就是做事的，微不足道的，但是又很重要。它很重要，可又不被人重视。

咨询师：嗯，是这样一种感觉。在你说到这些话的时候，你想到这个红“兵”的时候，你的身体和情绪又是什么感觉呢？

来访者：（语速较慢）很自卑，感觉到很自卑，然后身体会有点硬。

咨询师：嗯，这个“硬”是什么意思？（明确信息。对来访者描述含糊或不清晰的信息和语言，要进行具体化和澄清，以便帮助来访者自我感知，能将潜意识或前意识中含混不清的信息意识化、清晰化，用语言表达出来。）

来访者：这个“硬”就是同时想用力反抗这种情绪。

咨询师：现在看着这个棋子和这个棋盘，带着情绪和身体的感觉，给这个棋子和棋盘构成的画面命名，给它起个名。

来访者：（想了想）命名的话，觉得它就像是我的人生一样，又觉得太大了。想把它缩小一点，就像一个房间一样，又太小了。

咨询师：嗯，带着你刚才所有的这些情绪和身体体验，以及这些想法，如果你给它命名的话，你认为什么名字会能够代表它呢？（重复技术。再次明确提出要求，帮助来访者集中注意力，体会内心的感受，用最简练浓缩的语言概括事件与世界的关系。）

来访者：就这个棋盘所在的画面里，是吧？

咨询师：是的，这个棋盘和这个棋子共同构成的画面。（明确要求。当来访者对咨询师提出的要求不是十分清晰时，咨询师要及时做出解答。此时来访者的提问更倾向于阻抗。）

来访者：（声音较轻）过去的，过去的家。

咨询师：好的。接下来，当我说“翻转”的时候，你把这个棋子翻转过来。仔细体会一下翻转的一瞬间，当你看到是什么棋子的时候，你的情绪和身体感觉。注意翻转之后还放在原来的位置。现在，翻转。

来访者： 是一个红色的“仕”。

咨询师： 说一说看到这个红色的“仕”的一瞬间是什么感觉？

来访者：（立即回答）比“兵”的权力大，比“兵”的力量大，它的权限要大。

咨询师： 你的身体是什么感觉呢？

来访者：（语速较慢）还是堵的。就是觉得不信，不相信。

咨询师： 哦，不相信这样的情况，但是它已经在你眼前了。（这是很多来访者都会出现的问题，通常会用自己已有的认知框架解决问题，认定自己的认知既是事实，而对自我认知以外的信息不能接受，或没有意识到自我认知以外的信息也同样是事实。）红色对你来说，意味着什么？

来访者： 红色，代表健康、热情，也更有力量。

咨询师： 你以为他是一个“兵”，可它不是，它是一个“仕”，它比你认为的有更大的权力，至少它能主宰自己。

来访者： 对。

咨询师： 而且有更大的力量。

来访者：（立即补充）而且还有主动权。

咨询师： 是啊，你说得非常好。（振奋性鼓舞。对来访者的认知变化要适时给予鼓励。）它在棋盘中是在什么位置？（把来访者的变化落实到对具体棋子的讨论，引导来访者进一步自我探索。象棋棋盘是一个战场，有敌方我方，有城堡旷野，对棋子的讨论可以放在棋盘中，并将来访者的思维引到棋子之外，帮助来访者关注到事件和自我周围的世界，重新审视事件和自我的意义。）

来访者：它在“帅”的旁边，在中心位置上。而且我把它放在了“田”字的中心。

咨询师：这正是它本来的位置吗？（在意识层面探讨棋子在棋局中的相应位置，也就是探究来访者在自我心中的位置。）

来访者：是的。

咨询师：你最初认为它是一个“兵”，一个微不足道的，努力又不被重视的小“兵”而已，而其实它并不是，它是一个“仕”。是吧？

来访者：（立即回答，语气坚定）对。可我当时就认为它是一个“兵”，而我又把它摆在了一个这么重要的位置上。

咨询师：现在你再来回忆一下这个棋子代表的这件事，你的情绪和身体是什么感觉？

来访者：被别人误解了。

咨询师：被别人误解了，是不是也被自己误解了？（引导来访者发现核心问题源于自我认知，自我探索自我改变是解决问题的关键。很多来访者会有同样的情况，通常会对事件外归因，但实际上出现问题的根本原因在于不良自我认知构架。要想解决问题，需要改变自我认知。）

来访者：我是因为被别人误解而降低自己的预期，给自己的打分也降低了。

咨询师：现在呢？（对比。对比原来与现在的差异，发现自我的改变，松动核心不良观念，巩固新建的认知构架。）

来访者：（立即回答）现在更坚定自己对自己的判断，也坚定自己对自己的认识，相信自己。

咨询师：非常好啊。（振奋性鼓舞。对来访者的改变及时强化。）带着这种感觉和对这件事的认识，看着这个"仕"。你再来体会一下此时此刻的情绪和躯体是什么感觉？

来访者：（立即回答，语调升高）有点激动，胸口并不是有一块东西堵着的了，但是有点酸，翻滚的样子。

咨询师：经过前面几分钟的咨询，你再来总结一下和咨询之前相比，这件事对你的影响有什么变化。

来访者：（想了想）更坚定了自己的判断，更相信自己了，更坚定了。

咨询师：现在再来给这个棋盘和棋子构成的画面来取一个名字的话，会是什么？

来访者：现在，现在的家。

咨询师：接下来，用5分钟左右的时间，非常认真地体会一下，从咨询开始到现在整个咨询过程中，你的情绪、躯体和认知的改变，用简练的语言以文字的形式记录下来。你写好之后，我们再继续访谈。

来访者：好的。

第二阶段：梳理

来访者独处，思考并记录咨询中的体验和收获。

第三阶段：反馈

咨询师：请你大声读一读，你刚才所写的内容。

来访者：我怎么觉得我有点抗拒。

咨询师：那就带着这种抗拒的感觉，大声读一读你梳理的内容。（有些时候来访者会对有声朗读产生比较强的阻抗，产生强烈阻抗的原因很多，例如来访者的安全感较低或来访者还没有成长到可以完全面对自己的改变，等等。在这种情况下，可以让来访者带着这种抗拒的感觉完成任务，这也是“森田治疗”的思想：“顺其自然，为所当为”。）

来访者：（坚决地）就是不想读。

咨询师：好的，如果你实在不想大声读呢，也可以有口型但是不出声默默地认真读一读。（当来访者对大声朗读非常抗拒不愿意完成时，要尊重来访者的意愿。）

来访者：读完了。我突然有一个感觉，感觉这一半是我的事，一半好像是别人的事。

咨询师：嗯，开始的时候，我们很容易把别人的事情当成自己的事情，把别人的事也当成自己的事来做，因为这些人都是你所关心的人，你所爱的人。

你现在能够意识到有些事是属于自己的，有些是不属于自己的，这本身就是一个非常大的进步，意识到它的存在就是改变它的开始。知道了它的存在，我们就可以辨析哪些是我们的，哪些不是我们的，哪些是我们有权力决定的，哪些是我们只有权力建议的，而哪些又是我们只能作为旁观者的。不是我们的事，把它分离出来，让恰当的人完成。

你的感受性很好，在这方面会有很大的进步。

现在，请你思考一下，如果你在生活中做一个小小的改变，就会和从前不一样，或者说生活就会有变化，你想在哪件事儿上做一个小改变了呢？一个容易做到，又能够坚持的小改变。

来访者：（语气较轻快）一个小改变，就是更女人一点儿。

咨询师：什么样就是更女人了呢？具体是什么表现？

来访者：（语气轻盈且温和）需要温柔的时候就温柔一下。希望自己柔和一些，处理一些事情没有必要绷那么紧（刻板），很多时候其实没有必要发脾气。

咨询师：嗯，更女人，更温柔，少发脾气。如果让你选择其中的一个，做出可量化的改变，你觉得哪个改变更适合？

来访者：更温柔一点，少发脾气都可以。

咨询师：温柔一点是程度上的量化，少发脾气是数量的量化，那我们就选择更容易观察到的，少发脾气，作为改变的目标，你认为可以吗？

来访者：可以的。

咨询师：你可以给自己定个目标，你觉得一个月发几次脾气是比原来少了，又是你比较容易做到的，不会因为没发脾气把自己憋坏？

来访者：（开怀）哈哈，那就 10 次吧。

咨询师：好，那目标就是“每个月发脾气的上限是 10 次”。如果上半月就把这个月指标都用完了，那下半个月的脾气就得攒着，等到下个月统一发一次。这样呢，既减少了发脾气的次数，还节省了这个月的指标。（心理咨询可以在轻松的氛围中进行，非但不会引起来访者的不适，还会促进咨访关系，让心理咨询更人性化，来访者也更愿意接受建议。）

来访者：哈哈，好啊。

咨询师：如果目标实现，就给自己一个小奖励，做一件你喜欢的事。

来访者：好的。

咨询师：现在再请你给此时此刻的心情打个分我们就结束这次咨询。在 0 分到 10 分之间，你给现在的心情打几分？

来访者：感觉有七八分。

咨询师：好的，那就带着这种七八分的感觉和对自己的自信，结束这次咨询。

来访者：好的。再见。

咨询师：再见。

来访者咨询后感受

做咨询前，我是有点犹豫的，心情有点低落的，提起这件事就觉得心里堵。

当我选择一个棋子，我觉得应该是兵，但是我想把它放在重要的位置，我觉得兵通过努力找到好的位置也可以转换成王（帅），所以把它放在了田字中心位置，这个过程中想到被人误以为自己不优秀、不聪明，就会感到肢体有点僵硬、紧绷，士气消沉的同时想反抗这种消极力量。

当我翻开棋子，看到是“仕”，想到它的力量更大，权力更大，拥有更多的能量。想到自己其实应该相信自己实际上是有更多力量的，有能力的。身体的感觉，如心口的“堵”没了，随之而来的是黄色力量的升起，心理上很坚定自己对自己的肯定！

通过这个简短的咨询，让我对这件事更加释然，使我更加想开了。别人对我的认知跟我实际本来所拥有的能量，是有偏差的。我选择允许这个存在吧……

咨询师回复

士兵有士兵的担当，仕官有仕官的责任。做了士兵的工作就扮演士兵的角色，做了仕官的决策就承担仕官的职责，此刻去冲锋陷阵，下一刻也可以运筹帷幄。即便只是在一天之中，一个人的角色也并不是固定的，方才你是妻子，现在你是母亲，转身的工夫，你又要扮演朋友的角色。无论角色怎么变化，你都是你，有能力叱咤风云，也有能力温情如水。

咨询总结

一个人的自我评价体系来自内部还是外部对自我认知影响很大。当一个人的自我评价更多依赖于外部评价，会比立足于内部评价表现出更多的自我怀疑。外部评价体系通常不可控、不稳定，当外部评价体系与自我目标不符时，就会让人产生焦虑，通常只有自我改变才能与外部一致，降低焦虑。但这种对外部评价的服从并不总是与自我认知相一致的，当出现自我认知与外部认知偏差，由于多种因素，自我评价又必须服从外部评价时，就会产生内心冲突，出现心理不适感，严重的还可能产生心理障碍。

有些符合社会普遍价值观的行为在一部分人的评价体系中也可能并不符合他们的标准，而且每个人都可能在某些事件中的评价标准与他人存在差异。因此，如果以外部评价作为标准，就可能受到不同的人的不同标准的影响；也可能在一件事发生时，有多个不同的，甚至是相悖的标准。这种情况下，如果还是以外部标准来进行自我评价，就可能会让人无所适从。

让自我评价立足于内部，在自我价值观基础上的自我评价，具有可控、稳定的特点。内部评价标准受自我世界观、价值观、人生观的影响，通常不会因外界环境的变化在短期内有较大起伏或改变，具有不同时间的一致性和不同事件的一贯性。

建立在内部评估机制基础上的自我评价通常会更具有积极意义。但也要注意在有些情况下，内部评估可能是消极的，例如那些处于抑郁状态或抑郁心境的来访者，他们的内部自我评估机制可能是自我否定的、自我厌倦的，甚至可能是自罪的。咨询师发现来访者有这种情况，要帮助来访者积极调整自我认知，建立良性的正常的自我评估体系。

一个人的力量感来自自我认知与对事件的评估。面对同一件事，当自我认知水平较低时，就会产生对事件的无力感，而自我认知较高时，同样一件事的影响就会减轻，相应的自我控制感和自我力量感增加。

在对自我进行评估和认知时，人们较为常见的问题就是以偏概全、角色混淆。

以偏概全也是常见的自我认知偏差。当一件事没有做好时，具有以偏概全特点的人就会产生这样的想法“我做什么都不行”——“我没考上公务员，我没有出路了”“女朋友和我分手了，我再也找不到女朋友了”“我失业了，我真是一无是处”。事实上，只要我们加以分析就很容易得出结论——一件事失误或是不成功并不意味着一个人所有时间所有事件都失误或都不成功。

角色混淆是以一个角色的思维方式处理不同角色的事件。每个人在不同的关系中都会产生相应的角色，在家庭关系和工作关系中的角色不同。如果无法意识到不同角色的思维差异，使用同一角色的思维和行为方式处理不同角色的事件，就会造成冲突和矛盾。例如，一个人把单位里的管理者角色和思维带到家庭关系中，就可能造成家庭成员的不满，正如配偶们常常抱怨的那样——我不是你的下属，不要用命令的语气和我说话。同样，当人们在一个角色中感到力不从心甚至感到失败时，也会把这种自我质疑带到其他角色中。

以偏概全、角色混淆等是自我认知中较为常见的认知偏差，意识到并克服这些不良认知可以正确认识自我，可以获得良性自我体验。

以对抗性游戏道具作为中介物的特点

以中国象棋、国际象棋、军棋、斗兽棋等具有对抗性质的游戏道具作为“自主咨询”的中介物有一定优势。

以中国象棋为例，对抗性可以作为中介物的优点，让矛盾冲突表现得更为激烈。来访者在选择棋子作为事件的投射物时，这种对抗性和冲突可以更准确地表达来访者的内心冲突，更贴切地表现来访者对事件的认知与现实的矛盾性。和其他中介物相比，对抗性游戏能让来访者更容易觉察到潜意识中的情绪情感，处理这些情绪情感时也可以更加有的放矢。在较为明显的冲突关系中，来访者的情感体验更真实也更激烈，能痛快淋漓地表达出来。而且更深刻的体验和更充分的表达往往会带来更重大的改变，对来访者运用情绪杠杆调节和改变原有不良认知，重建合理认知体系具有促进作用。

这类对抗性游戏的棋子之间有比其他中介物更为复杂的关系，不仅有大小、颜色，有上下级，有敌我、伙伴，有合作、竞争，等等复杂的社会关系。在这种游戏表现出来的复杂社会关系中，来访者更容易把中介物还原到生活事件，更容易找到事件在自己生活中的相应影响和位置，因此对实际生活事件的处理效果更好。

这类对抗性游戏的棋盘通常都具有地形地势的划分，有些还有敌我的划分，这就决定了来访者在安置棋子的时候不仅要考虑棋子本身的各个因素以及所代表的意义，还要关注到棋盘的内容，来访者在对事件进行投射的时候要思考的影响因素更多了，即便这种思考可能是无意识的。棋盘的作用在这类游戏中是不能忽视的，棋盘不同于桌面，它本身就是棋子的外部世界，游戏规则就赋予了棋盘一定的场景。因而，当来访者在最开始将棋子放在棋盘上时，即便来访者并没有意识到，也已经受到了棋盘的影响，将事件放在了外部世界的一定位置了。也就是说，即便是来访者无意识地在棋盘上选择了一个位置放置棋子，他也已经受到了棋盘的地形地势的影响，而棋子代表的事件和棋盘代表的外部世界已经在相互影响相互呼应了。与在咨询师要求下来访者将没有地形地势特点的桌子看作事件之外的世界相比，有地形地势的棋盘对于帮助来访者将事件与世界建立联系，改变视角评估事件、世界与自我的关系更具有促进作用和实际意义。

对抗性棋类游戏也如其他中介物一样，作为“自主咨询”的中介物也有一定的缺点。

第一，对游戏规则的了解程度影响来访者对棋子作为中介物的使用和理解。以中国象棋为例，如果来访者对中国象棋的规则不了解，则选择一种可以代表事件的棋子时就会遇到困难。如果仅凭棋子上的文字来选择，就大大削弱了游戏规则下棋子所能代表的含义，在对棋子赋予意义的时候也会受到非常大的局限，因为相对于直接用书籍杂志或其他媒介形式作为中介物的来源，棋类游戏中能够提供的可选文字实在太少了。同样，如果来访者对游戏规则不熟悉，对接下来翻转之后棋子代表的意义以及对棋子和棋盘命名的环节等，也都有明显的不利影响，会干扰咨询的顺利进行。

第二，这类对抗性游戏中，相同的棋子比例比较高，会使得来访者的猜测与实际（翻转）的棋子相同的概率大大提高。虽然在“环式问询”的引导中，即便出现这样的情况，也不会影响来访者的自我成长，但来访者在翻转棋子的一瞬间是带着期待的，他们期待着与自我认知的结果不同。来访者来到咨询室的行为本身就是期待着不同，当相同的结果出现的瞬间，一些来访者会不可避免地感到一丝失望。来访者在翻转棋子时带着强烈自我暗示，暗示着改变和重建，重复的棋子过多，会不同程度对来访者产生影响。

第三，对抗性是一把双刃剑，一方面可以表达强烈的情绪情感，另一方面也可能会给来访者暗示——事件具有对抗性质。有些来访者的人格特点就有一定的对抗性，对身边的人和事往往也会从非黑即白、非此即彼的绝对化视角进行解析。当面对具有对抗性质的线索时，有些人格特征和思维特征的来访者就会将原本较为平和的一般性事件向对抗性的方向解析，这并不利于来访者自我改变和自我成长，导致需要更多的认知加工才能解决来访者面对的问题。

虽然对抗性游戏道具有一些缺点，但仍是非常好的“自主咨询”的中介物，在投射作用和帮助来访者潜意识意识化方面都能起到重要作用。

没有一种中介物是十全十美的，但在特定条件下针对特定人群，总有一种或几种是更恰当更适合的。咨询师和使用者要根据来访者的特点从实际情况出发，和来访者共同选择中介物。无论哪种中介物都是为心理咨询服务的，是为促进来访者的心理成长服务的。“自主咨询”的宗旨就是“人人可用，时时可用，处处可用”，对中介物的绝对性和统一性的要求要远远小于对来访者的适用性和易获得性。

“自主咨询”从创建之初就是一种“服务全民”的心理咨询方法，中介物的可变性是实现这一目标的重要条件。

二、个体“自主咨询”的特殊案例分析

由于“自主咨询”的问题设置是标准化程序化的，它的应用条件非常宽泛，对使用者的要求很低，这决定了它能最大限度地让最广泛的人群受益，但同时，这些特点也显示出“自主咨询”在实际应用的过程中不可避免地会遇到一些特殊情况。

“自主咨询”在实际应用中遇到的特殊情况可能源于来访者在访谈过程中的变化。“自主咨询”的问询体系是标准化程序化的，而每个来访者都是独特的，所面临的问题也是独一无二的，有些来访者在评估自己所面对的事件时，低估了事件对自己的影响，

因此选择了“自主咨询”这种只针对“小事件，小情绪”的方法。但在咨询过程中，随着“环式问询”的提问，来访者对事件和自我体验的不断加深，事件的真实影响程度就被表现出来，并且高于预估，那“自主咨询”标准化的提问模式也就不再适用了。

还有一些情况来自咨询师对来访者的问题的评估。如果咨询师在咨询过程中发现来访者需要更多的干预，也会在使用“自主咨询”的基础上应用其他咨询方法。心理咨询师具有心理敏感性，以对来访者的了解和良好的咨访关系为立足点，对于一些潜在的可能没有被来访者意识到的情况，咨询师也可以适当提问和干预，帮助来访者自我探索和成长。

以下几个案例是在使用“自主咨询”过程中遇到的特殊情况。

（一）咨询中途改变中介物

在使用“自主咨询”时，有时会遇到来访者中途改变中介物的情况。

本案例最初使用的中介物是文字，中途改为图片，这种情况在咨询中较为常见。当使用文字作为中介物时，选择中介物的方式通常是读物，书籍、报纸、杂志等，这就很可能会在翻开某一页的时候出现图片。有些来访者对图片的敏感度比文字更高，因而当出现图片时更喜欢用图片进行解析。也可能是来访者更喜欢图片带来的情绪体验，让来访者产生愉悦或其他良性情绪，因此会更倾向于使用图片完成咨询。

一般图片比文字篇幅大，容易被首先注意，且由于焦点和背景的关系，在一篇文字中出现图片，人们很容易会把相同因素——文字，作为背景，而把不同因素——图片，作为焦点。一般图片在色彩、构图等方面比文字更有吸引力，因此，在一页有图片的书页中，来访者更容易选择图片作为中介物。

咨询中途改变中介物还可能由于来访者对某种中介物难以产生情绪和躯体体验而提出更换。例如在咨询之前咨询师提出用象棋作为中介物，但来访者对象棋的游戏规则并不熟悉，在咨询过程中难以对棋子赋予意义或产生联想和投射，咨询推进较为艰难，此时，可以与来访者协商，更换来访者较为熟悉的其他中介物继续咨询。

此外还有一种情况也需要更换中介物，无论是图片还是文字，如果具有消极意义或者引起来访者难以克制的消极联想，影响到正常的咨询进程。以文字为例，有的来访者对“死”字会产生极度反感的情绪，而当按照共同协定的规则，翻开书页的字恰好是“死”字，来访者随之产生强烈的情绪变化提出改变中介物，那么咨询师就要评估，如果有必要就应当更换中介物。受到“自主咨询”特点（时间）的限制，不适于在咨询进程中干预因“死”字引起的来访者的负性情绪体验。但经过咨询师评估如果有必要，咨访双方可以协商进行常规咨询或约定在其他时间进行常规咨询解决这个问题。

通常中介物是自始至终的，但可以根据咨询的实际情况和来访者的需要调整。

画中启示

中介物：文字、图画

来访者背景

王女士，40 岁，事业单位员工，有书画特长。丈夫为企业行政人员，共育一女在读小学。

此案例自始至终没涉及影响来访者的事件，来访者在“环式问询”框架下“自主”完成咨询。

咨询过程

第一阶段：咨询

请来访者找一本书，不要翻开。

咨询师：请你想一想引起你情绪的这件事，仔细体会一下此时的情绪。请你为此时此刻的情绪打个分，如果 0 分是最低分，表示没有影响，丝毫都没有；10 分表示对你情绪的影响极大，无以复加的程度。那么现在 0 分到 10 分之间，你会给这件事的影响打几分？

来访者：3 分。

咨询师：现在请你心里想着要解决的这件事，如果用一个字来代表这件事的话，只用一个字，你认为它会是一个什么字？

来访者：只用一个字？一个字太少了，能不能多几个字？

咨询师：只用一个字。

来访者：（想了想）用一个字的话，那就“乱”吧。

咨询师：如果让你用“乱”组词，你首先想到的是什么词？

来访者：杂乱。

咨询师：现在全神贯注地想着这个“乱”字，体会一下你此时此刻的情绪和身体感觉。

来访者：有点烦。

咨询师：你想到这个“乱”字的时候，你身体有什么感觉？

来访者：（想了想）好像没什么感觉，就是头有点晕。

咨询师：接下来，当我说“翻书”的时候，把你面前的书随机翻到一页，当看到第一个字，仔细体会一下看到这个字的一瞬间，你的情绪和身体感觉。现在请翻书。（来访者翻开的一页最上面是一幅图画，图画下面是文字。）

来访者：（来访者指着该页文字部分的第一个字，“超”字。）这个算第一个字吗？

咨询师：可以啊。（确定中介物。）

来访者：（指着图画）这个算不算啊，还是必须有字？

咨询师：可以，你认可的就可以。这一页第一个字就可以。（当来访者感到对规则不清晰，需加以明确。）

来访者：第一个字是这个“超”字吗？

咨询师：可以。你翻开书看到这个字的一瞬间是什么感觉？

来访者：我不知道。我首先看到的是这幅画。

咨询师：那你看到这幅画的一瞬间是什么感觉？（来访者多次询问规则，更倾向于改变中介物，用图片来代替文字。这种情况下根据来访者的具体情况，改变中介物，以保证良好的咨询效果。）

来访者：我觉得画得挺好的。

咨询师：如果这幅画代表了这件事，你看到它的时候是什么感觉？

来访者：应该是什么感觉呢？就觉得翻开这一页，看见这幅画的时候，觉得还挺开阔的，觉得还行。

咨询师：你的身体感觉呢？

来访者：（语气轻快）感觉眼前一亮。

咨询师：身体感觉呢？

来访者：身体没什么感觉啊。

咨询师：嗯。那么这幅画对你来说有什么含义？如果让你为代表了这件事的这幅画赋予意义的话，它有什么含义？

来访者：对我来说……轻重缓急吧，代表了轻重缓急。

咨询师：当你想着用“乱”字来代表这件事的时候和现在看到真正代表这件事的这幅画的时候，情绪和躯体感觉有什么不同？

来访者：（语速较快）我以为我可能会看到满篇都是字，具体看到哪个字也不一定。但是看到一幅画还挺意外的。但是我觉得它比字要好，字没什么特别的感觉。

咨询师：嗯，那你现在再回忆起这件事，情绪和躯体有什么感觉？

来访者：（想了想）这件事也不算是我的事，但现在比之前好一些，能想到一些对策了，但也不一定有用。

咨询师：你的身体感觉呢？

来访者：身体感觉？轻松点儿了……说不上具体是什么感觉。

咨询师：那么与咨询之前相比，你此时此刻的感觉有什么不同？

来访者：（想了想）之前是觉得这件事情有点棘手，没办法解决。现在觉得仔细想想这件事，应该能想到办法。就是这种感觉。

咨询师：好的。接下来，请你用 5 分钟左右的时间，非常认真体会一下，从咨询开始到现在整个咨询过程中，你的情绪、躯体和认知的改变，或者其他的感受，有什么就写什么。

来访者：必须要写的吗？

咨询师：必须要写的。

第二阶段：梳理

来访者独处，思考并记录咨询中的收获和体验。

第三阶段：反馈

咨询师：你可以把刚才所写的内容读一读吗？

来访者：我可以把它读一读。1. 刚开始的时候感觉有点乱，想不出对策，还有点烦心。2. 现在思考了一下这件事，感觉可以试着解决一下。3. 重新看待这件事，也许可以通过绘画解决。

咨询师：如果让你带着现在这种感觉回到生活中，在生活中做出一点小小的改变，就会对你的生活有一些好的影响，你愿意在哪方面做一点小小的改变呢？

来访者：是在这三方面里吗？

咨询师：可以，也可以是其他方面。带着现在咨询室的这种收获和体验，在生活中做一点小改变，让这种收获不仅在现在，不仅在咨询室和咨询关系中，也带到生活中去。你愿意在哪方面做出一点小改变？很容易做到的。

来访者：也许是倾听别人诉说一些东西吧。

咨询师：在生活中倾听哪些人的诉说对你来说是比较容易做到的？（探讨细节。）

来访者：也许是孩子吧。

咨询师：是随时可以倾听，还是需要在什么情况下？

来访者：在我感觉没时间倾听他的情况下。

咨询师：说得真好。（振奋性鼓舞。）那从前这种“没时间倾听”的情况多吗？（确定比较基线。）

来访者：也不少。或者更多的时候是不想听她说话。

咨询师：嗯，如果把倾听孩子说话变成可计数或者评估程度的标准，你认为用什么维度评估比较好？比如，次数、时间等，你认为哪个维度对你来说更适合评估？

来访者：我觉得是时间。

咨询师：在你感觉没时间听他倾诉的时候，你每次愿意给孩子多长时间呢？

来访者：（想了想）5 分钟。

咨询师：之前是几分钟？

来访者：之前基本上都没有。

咨询师：那这是非常大的进步了！（振奋性鼓舞。）那么从现在开始在你感觉没时间听孩子诉说，而他又很想和你倾诉的时候，每次给他 5 分钟的时间。不要多，每次就 5 分钟，能做到吗？

来访者：能做到。

咨询师：现在你再体会一下事件对你的影响和此时此刻你的情绪，如果再来打个分，会是 0 到 10 分之间的几分。

来访者：2 分吧。

咨询师：我们用很短的时间改变了事件对你的影响。那么这次咨询就到此结束可以吗？

来访者：好的。再见。

咨询师：再见。

咨询总结

很多时候人们会为日常琐事烦恼，尤其是有几件待办事件同时存在的时候，如何对事件进行分类会成为合理处理事件的关键。

可以利用象限法管理生活事件，即将事件分配由“紧急—非紧急”和“重要—非重要”构成的十字象限中。在这个象限中，事件被分为四个类型：重要且紧急，重要不紧急，不重要但紧急，不重要且不紧急。这样进行分类的结果会让人们一目了然地明确事件对自己的影响，根据具体情况判断处理事件的方式和顺序，让自己的生活和心情都从手忙脚乱之中解脱出来。

处理十字象限分类的事件，通常还要加一个因素，就是时间。时间管理不仅对人们工作和学习效率有很大影响，对生活事件的处理也非常重要，因为处理任何事件都需要消耗时间。如果加上时间维度，十字象限的四类事件又可以再分为“耗时多—耗时少”的事件，形成三维分类。

通常无论耗时多少，重要且紧急的事件都会被优先处理，但同时根据具体情况也会处理一些不那么重要但比较紧急的事件，前提是这类事件耗时较短，一般在几分钟之内可以解决。一般比较重要但不紧急的事件如果耗时较长则需要安排恰当的时间处理，避免重要事件出错；而耗时较短的情况下，可以在处理其他必要事件的空余时间处理。不重要也不紧急的事件可以根据实际情况取舍。

同样的事件每个人的评估标准不同，会有不同的结论，一件对一个人重要且紧急的事件对另一个人而言或许就是既不重要也不紧急的。因此，对事件的分类和处理要从个人实际出发。

孩子的日常事是重要还是不重要的事？人们的态度可能有差异，而行为和态度又总是不一致。一般情况下，人们在思想上都会认为孩子和家人非常重要，但在行为上又总是将他们的事向后排，就算 5 分钟的谈话时间也难以纳入时间规划之中。当然，即便如此，人们的态度依然没有改变，依然认为孩子和家人的事是重要事件。

那么，人们又为什么没有将时间倾向于孩子和家人的事件中呢？回答往往是“没时间”，这个“没时间”不是绝对意义的没时间，而是“此刻没时间”“当下没时间”。如果人们能够对这样的事自我觉察就会发现他们似乎每一个“此刻”，每一个“当下”都“没时间”，他们的时间可能正用于玩游戏、打电话、浏览一个自己感兴趣的网站。

为什么人们宁愿把时间用于玩游戏、打电话、浏览网站也不把时间放在他们认为重要的孩子和家人的事情上呢？原因很多，其中一个因素就是“不紧急”。孩子和家人往往被看作是不紧急的事件，或者没有目前正在进行的事件紧急，可以暂时放下，而接下来就是人们常常出现的另一个行为，“暂时放下”变成了“放下”。

（二）“自主咨询”转为常规咨询

当在咨询过程中咨询师评估来访者难以“自主”完成咨询

时，则不应局限于咨询方法的纯粹性，要以促进来访者的成长为咨询的根本目的和首要任务，根据来访者心理特征，用恰当的方式，帮助来访者。

当来访者的情感卷入很深，自我情感体验剧烈，难以平复，或想通过竭力克制等方式压抑情绪，但因此而感受到强烈的负性情绪体验等，这时咨询师要进行评估，是否需要改变咨询方法。不同来访者对同一件事的情绪体验差异很大，要从来访者自身的感受出发，而不能以咨询师的标准或社会普遍标准来评估，同时，还要考虑来访者的社会文化因素。例如，有些文化背景中，生不生男孩对一个女性而言非常重要，一位已经生了三个女儿的女性对丈夫的愧疚感可能并不符合当今社会的普遍价值标准，也不符合咨询师本人的价值标准。但在咨询过程中，咨询师要了解来访者的文化背景并理解这种愧疚感对于来访者而言是一种强烈的情绪，甚至可能导致来访者其他社会功能受影响。这种情况下如果运用“自主咨询”解决来访者与孩子有关的问题，就要评估方法的适用性，以免造成来访者因问题暴露却不能良好解决而出现严重的心理不适感。

如果咨询师发现事件对来访者未来的生活影响较大，也要进行评估，是否有必要改变咨询方法。还以上面的例子为例，当这个女性的咨询目的是“是否再要一个孩子”时，“自主咨询”就不再适用，咨询师应建议来访者改为常规咨询。一个家庭中出生一个孩子本身就是重要事件，但有些时候来访者本就已经做出了决定，或许还没完全下定决心或还有其他影响不大的干扰导致来访者还需要一些让他们坚定下来的因素，所以选择“自主咨询”这种时程短、干预能力较弱的咨询方式。可是对于前面提到的女性，是否再生一个孩子对她的影响就会非常大，此时就需要帮助她评估她的选择条件。这种情况，“自主咨询”就显然不适用，需要及时改变咨询方式。

如果这个女性在咨询过程中表示自己咨询的主要目的是“是否再要一个孩子”，但咨询过程中提到自己已经怀孕，那么，无论她是否决定再要一个孩子，咨询师都要建议改变咨询方式进入常规咨询，因为“怀孕”已经对“是否再要一个孩子”形成继发性影响，无论这个女性如何选择都必须面对“已经怀孕”这件事。继发性影响不局限于这种重大的生活事件，也包括对日常生活或者对躯体的影响。例如下面这个案例中的妈妈因孩子即将面临高考而担心孩子的成绩，这种担心超出了一定程度以至于影响睡眠同时感到身体不适等，都是由高考焦虑引起的继发躯体影响。此时就要根据具体情况进行评估，如果不适用“自主咨询”就要和来访者协商改变咨询方法。

此外，经过咨询师评估如果还有其他情况不适用“自主咨询”，也要及时和来访者协商改变咨询方式。

当对来访者改变咨询方式，并不意味着需要完全抛弃“自主咨询”。“自主咨询”的结构特点决定了它既可以独立使用又可以作为其他咨询方法的一部分，也可以分解，作为咨询线索贯穿在整个咨询过程中。

小鹰自有它的天空

中介物：英文字母

来访者背景

林女士，43 岁，中学教师。丈夫也是事业单位员工，共育一子在读高三，面临高考。

在访谈过程中来访者叙述因孩子高考自己感到非常焦虑，觉得孩子成绩不好担心考不上好大学。

这个案例起初用了“自主咨询”，但来访者自我体会咨询作用不显著，后又改为常规心理咨询。该案例涉及的是生活中比较常见问题——家长对孩子学习成绩的担忧，具有一定代表性。这个案例提示使用“自主咨询”的心理工作者，要以来访者的利益为中心，帮助来访者成长，不要受咨询方法的限制。

咨询过程

第一阶段：咨询

咨询前将写有英文字母的卡片准备好，背面朝上，字面朝下。

咨询师：请你想一想引起你情绪的这件事，仔细体会一下此时的情绪，请你给此时此刻的情绪打个分。如果 0 分是最低分，表示糟糕透了；10 分表示你人生最快乐的瞬间。那么，在 0 分到 10 分之间，你会给由这件事引起的、此时此刻的情绪打几分？

来访者：5 分吧。

咨询师：接下来请你心里想着引起情绪的这件事，随机选择一张写着字母的卡片来代表这件事。注意不要翻过来，不要看到卡片上的字母。

来访者：选好了。

咨询师：把这张卡片放在你面前的桌子上，找一个你认为恰当的位置，安置好。用手指压在这张卡片上，想着引起你情绪的这件事，仔细体会一下此时此刻的情绪和身体感觉。

来访者：好。

咨询师：现在是什么感觉?

来访者：（语速快，语调上扬）嗯，还是那样啊。

咨询师：具体说一说是什么样。

来访者：（想了想）担心，放不下。这件事一直伴随我的生活。

咨询师：担心放不下。你说这些话的时候，身体是什么感觉?

来访者：（快速回答）没什么感觉。

咨询师：感受一下这件事，选择一个字母代表这件事的话，你认为它是什么字母。注意，这个字母代表这件事现在的样子，而不是你希望它的样子。

来访者：嗯，孩子学习不好，排在后边，R 吧。

咨询师：R 对你有什么意义吗?

来访者：（快速回答，语调上扬）它在后面呀!

咨询师：你认为它是大写还是小写?

来访者：大写吧。

咨询师：是大写的R，当你想到这个大写的R，你有什么感觉？情绪或者身体的。

来访者：不高兴啊，心痛。

咨询师：身体上有感觉吗？

来访者：没有。

咨询师：那么带着这种情绪和这种没有感觉的身体，看着这个R所在的空间……

来访者：（语速快）身体也有感觉，我头疼。

咨询师：带着这种很担忧的情绪和头疼的躯体感受来看这张卡片和桌子构成的空间。如果让你给这个空间命名的话，你会起一个什么名字？

来访者：可以不答吗？

咨询师：可以。当我说“翻转”的时候，你把这张牌翻开，看看上面的字母。注意认真体会一下翻开这张牌你看到上面字母的一瞬间，你的感觉。注意翻转之后还放在原来的位置。现在，翻转。

来访者：是大写的P。

咨询师：翻转一瞬间，看到字母P，你是什么感受？包括情绪和躯体的感受。

来访者：（快速回答）没什么感受啊，希望他是在前边的，然后结果不是，让我觉得很失望。比预期的差。

咨询师：身体有什么感觉？

来访者：紧张。

咨询师：P 对你来说代表什么含义呢？

来访者：（回答很快，语调较低）没什么含义啊。代表就是比我期待的差，我期待能是 F。

咨询师：那么在你翻转之前翻转之后，情绪有没有变化？

来访者：（快速回答）有，感觉更差了。

咨询师：你认为这件事是 F，而实际上它并不是。这是不是也能说明一件事，就是你对这个事件的本身了解不足，给了它一个过高的期待，所以感觉有点失望。

来访者：对。

咨询师：那么怎么改善了解的程度，然后给它一个恰当的期待呢？

来访者：（语调较低）可能是想多了，期望值太高了吧。

咨询师：当目前这件事发生了，而且我们不能够改变它的时候，是不是可以降低期待？同时去更多地了解他。

你选择这个字母卡片的过程中，你只想到了它的顺序，却没想到它内在的含义。每一个字母除了它的排列顺序这个属性，还有它的形态、含义等，而这些属性的内容是不是要比顺序更丰富呢？

来访者：嗯。

咨询师：如果让你重新思考一下，P 代表的含义的话，你会有什么样的解答？

来访者：（想了想）代表孩子所处的状态。R 是有两条腿支撑的。

咨询师：你在生活中做什么样的小改变，就可以给他增加一个支撑呢？一个非常小的又可以实现的，不难做到的改变。（落实到具体行动。）

来访者：（想了想，语速由慢变快）降低期望值吧！主要就是降低期望值，没有别的了。

咨询师：你准备怎么做呢？

来访者：（语速快，声音较轻）以后，每天干活，收拾屋子，然后不陪他学习到那么晚了。他一般都12点多睡觉，那我就早点睡吧，不然的话，我第二天也会头疼。

咨询师：如果睡眠不好的话，也是非常影响情绪的。身体状况不好，对你自己情绪也有影响。（对来访者的计划表示肯定。）

来访者：这样的话会不会影响他的效率？

咨询师：你认为呢？（商讨任务计划。）

来访者：（回答很快，语速很快）可是我总觉得我不看着他，他不好好学啊！

咨询师：那他怎么认为呢？（从当事人视角解决问题，而不是旁观者。）

来访者：他认为我看不看都一样了。

咨询师：你看着他是为了防止他效率降低，还是为了让自己的焦虑降低？他的效率是他的行为决定的，和你的行为有没有关系呢？当你的焦虑降低了，不影响人家了，他的焦虑也就降低了，很有可能他的学习效率就提高了，人们在高焦虑的时候效率很低的。所以，要判断谁是这个工作的主要执行者，你要尊重主要执行者的这个期待和感受。

来访者：嗯。

咨询师：当你对这方面的期待值降低之后，你的情感支撑就出来了，他可能更需要的是这个。

来访者：嗯，试试吧。

咨询师：接下来，用大概 5 分钟左右的时间，请你非常认真地体会一下，从咨询开始到现在整个咨询过程中，你的情绪、躯体和认知的改变，用非常简练的语言以文字的形式记录下来。写好之后，我们再继续访谈。

来访者：（快速回答）觉得没什么写的啊。

咨询师：一点变化都没有吗?

来访者：还是担心呢。

咨询师：担心的程度有没有改变?

来访者：（快速回答）没有改变。

咨询师：丝毫没有改变，等于没做一样吗？

来访者：（快速回答）没有啊。

咨询师：说明这种极短程的咨询方法不适用你目前的状况，这个方法只适用于调解小情绪，是针对普通生活事件引起的不严重的情绪问题的一个调节方法。你目前的焦虑水平是比较高的，需要进一步咨询。（来访者的事件不适合使用“自主咨询”时，应以来访者的成长为目的，在咨访双方方便的情况下改变咨询方式。）

以下转为常规心理咨询

来访者：嗯，你说得对。这个问题只能在孩子毕业之后才能好。

咨询师：孩子目前处于什么学习阶段？（问询详细情况。）

来访者：高二。

咨询师：你为他哪方面感到担心呢？

来访者：学习成绩不好。

咨询师：他在哪个学校？

来访者：省重点中学。

咨询师：那是非常好的学校了。在班级里什么情况？

来访者：在后边儿啊。

咨询师：学习状态让人不满意吗？

来访者：状态挺满意的，也认真学，但是学不上去。他不会整理，没有什么好的学习方法，教他也不接受，就是自己瞎学。他每次考前对自己评估挺高，给我一次次希望，出分之后总是比他想的低，他很失落，我也挺失落的。不过，孩子还挺有自信的，一直都在努力，没放弃过。

咨询师：你有一个多么好的孩子啊！受到了这么多挫折，他依然还没有放弃，还坚持努力！是什么使你这么担心呢？

来访者：他每天晚上还锻炼，困了就锻炼然后就接着学。

咨询师：真是一个太好的孩子了！大多数父母要有这样的孩子都烧高香了。你担心的是什么？

来访者：就是他的成绩不好。

咨询师：是不是需要和老师沟通一下？老师对他的情况可能更了

解一些。

来访者：老师的评价也挺好的。

咨询师：啊呀，所有人评价都很好，他自己也非常自觉，多难得的一个孩子！不仅知道认真学习，还坚持锻炼身体。并且在省重点中学，是非常好的一所学校，他哪怕在班级里成绩在后面，比其他学校大部分学生成绩还要好一些呢。

来访者：我就想让他到前面去啊，考个好大学呀！

咨询师：你这个想法我也特别能理解，这也是绝大多数家长的想法。我想问你一件事，刘翔你知道吧，我国著名的百米跨栏运动员，因为受伤退役了。虽然他受伤了，如果让你跑步超过他，你能不能跑得过？

来访者：跑不过啊。

咨询师：你这不是解答了自己的问题了嘛。

来访者：没有啊。

咨询师：有些人与生俱来具有某些能力，有些人在某些方面就是做不到最好。你和刘翔用同样的方法训练，你依然跑不过他，因为你天生不具备他的肌肉条件，不具备他的反应速度，你在这些方面跟他不一样，怎么可能跑得过他呢！就算他现在受伤了，跑起来依然比你快，你信吗？

来访者：那当然了。

咨询师：这是个体差异，孩子已经很努力了，你认为他学习方法不行，那你可以帮助他或者通过老师和他在一起三方谈他的情况。

来访者：我的意见我都有告诉他，他也答应得很好，但总做不好。比如我告诉他要善于记录整理老师讲的东西，他说行，但是记不全。可能也是他的能力有限吧，也就是这水平。

咨询师：听你说的话，我又一次觉得这孩真是个好孩子。一般高二的男孩家长要是说三道四都烦死了：我知道我自己应该用什么方法学，不用你多说。而咱们这个孩子呢，你给他建议，他特别赞同，而且还会接受和采纳。

个体是有差异的，他在他的能力范围内，可能已经做到最好了，但你依然不满意。正如有些人长得很高，你无论如何，补充多少营养也超不过他。

来访者：你说得太对了，他已经做得很努力了。

咨询师：他已经很努力了，而且还非常尊重你的意见，你给他的意见他都很虚心接纳了。他既不狂妄也不散漫，自律性特别强。

来访者：（语调平和）有一些鼓励性的文章，我要是发给他，他也看，看完了也挺接纳的。

咨询师：是啊，这么配合的小孩，你还要苛求什么啊？！而且要知道，人生路不止读书这一条，他不仅努力学习，还知道好好锻炼身体，有个很好的体魄，又有很好的性格。

来访者：（语调略上扬）对，身体非常好，流感流行的时候从来不感冒。

咨询师：他这么多的优点，全被你掩盖了，就因为成绩在班级里，而且还是这么好的学校的班级里，没名列前茅而已。

来访者：我非常接受，我觉得我应该改变。

咨询师：所以，如果要逼着你跑过刘翔，你就算拼了老命也跑不过，信不信？

来访者：是，明白了。

咨询师：那现在有没有变化，你的心情感觉怎样？

来访者：（语调平和，语速减慢）好多了，比刚才好一些。

咨询师：你刚开始的没有变化，和现在的有变化都是正常的感受。

这么乐观的一个小孩儿，积极阳光向上的小孩儿，你愿意把他变成阴郁的样子吗？和现在相比你愿意要什么样的孩子？

来访者：我当然希望他继续努力啦，我跟他说过。他考不好了，我就鼓励他。

咨询师：你真是一个特别无私的妈妈！你自己承受这么大的压力，但是对孩子呢，他考不好了，你还积极地鼓励他，做得非常好。

来访者：（语调上扬）当然得积极鼓励他呀，怕他难过。

咨询师：可是你不能一边鼓励着孩子，让孩子放轻松，一边自己制造压力自己承受着。自己的火山都快要爆发了，还要这样咬牙切齿使劲控制这口气，对孩子付出最大的爱心。这么伟大的妈妈，搞得自己情绪这么难受，是不是也需要调整？是不是应该调整一下对孩子的期待值？

其实孩子已经做出了很多努力。如果他不努力的话，想办法激励他，让他努力；如果说他不接受好的学习方法，可以和他谈一谈这些方法的优势，让他接受适合他的方法。而他现在是很努力，家长、老师给他的建议，他也很认真地接受并且去执行，自己遇到挫折也不灰心，可以说百折不挠，一直在努力。

也许他现在没有名列前茅的成绩，但是不要把他这种执着的状态打击掉了，欣赏他这种执着的状态，将来做事的话，一定会有回报。

来访者：也对啊。

咨询师：就是遇到困难了也不受影响，面对挫折还能执着地朝自己的目标努力着，这是多难得的一个孩子。学校里的成绩是一方面，学校之外的成绩才是更主要的，是吧！不管他在哪个行业里，他有这个精神状态，有这么重要的乐观心态、随和的性格，都是他的优势。

来访者：（语气平和，略有喜悦）大家都非常欣赏这个孩子的性格。如果高考考不好，将来做点什么也挺好。

咨询师：是啊。他不仅很努力，而且情商特别高。

来访者：（略有喜悦）同学们对他也挺好。

咨询师：所以大家都对他感到满意，你也只说他成绩在班里不能名列前茅这一点。你真是运气太好了培养了如此优秀的孩子。考大学的话，可以选择一个恰当的专业，让他能充分发挥他的优势。

来访者：对。

咨询师：你可以不降低期待，但可以改变期待的方向。

来访者：你的意思是我得放轻松啊？

咨询师：是啊，你在孩子面前总是强颜欢笑，在背后又咬牙切齿地闹腾，你的火山迟早得爆发。不爆发在他身上就爆发在自己身上，说不定把自己弄病了。

来访者：也是啊。

咨询师：现在要向你孩子学习啊，调整心情。看看人家的心态！

来访者：（略放松）是啊，假期马上结束要开学了，他还挺想上学的呢。

咨询师：向你孩子学习，积极乐观，不能让成绩一叶障目，看不见孩子的优点。

来访者：是啊。我的孩子积极向上，我却每天忧虑重重。我得试着改变，做得更好一些。

咨询师：如果现在再为情绪打个分，此时此刻是多少分？

来访者：嗯，6分吧。

咨询师：那么带着你现在的感觉，从咨询室回到实际生活中，在生活中应用今天获得的思考方法。

来访者：好。

咨询师：那今天的咨询就结束了。

来访者：好的。再见。

咨询师：再见。

来访者咨询后的感受

咨询前我很焦虑，每天都在担心自己孩子的学业问题。面对孩子努力后仍然考不出好成绩的状况，我内心压力很大，几乎得了抑郁症，头痛、不爱说话、失眠。经过这次咨询，我知道了自身的问题很多，对孩子的期望值太高，给孩子带来很大的压力，更不利于孩子学习。以后我的打算就是把时间和精力多用在自己身上，多运动增强体质。

咨询师的回复

小鹰自有自己的天空，就算飞不到最高，也有别样的风景。母亲的爱，是孩子的能源，不能让它成为囚禁孩子的枷锁。

放开自己，也放开孩子，让爱成为支持和力量，放飞了自己，也助孩子飞向自己的天地，相信他自有一番作为。

咨询总结

高考，对于几乎所有中国家庭来说都是重大事件，不仅仅是考生个人的事件，与“高考生”相应的是“高考生家长”。当问到家长是否对高考感到焦虑时，很多家长的回答是否定的，最常见的解释是：“我和孩子说，只要你努力了，考什么样算什么样。爸爸（妈妈）不给你压力。”然而，家长们的行为往往和语言不符。大多数家长的焦虑是增加的，不仅表现在对孩子更多的陪伴、关心、监督和担心等显而易见的行为，还表现在语音语调、面部微表情、肢体语言等，就如同一个汗流浃背的人说“我不热”一样。

考试焦虑是正常的心理状态，特别是面对高考这样可能影响人生走向的重要考试，无论是考生还是考生家长，完全不感到焦虑也是需要引起注意的问题。但是，当焦虑超过一定限度，甚至影响到正常的社会功能了，就需要进行心理干预，如果程度比较严重，如同其他心理和精神障碍一样需要配合药物治疗。

来访者在访谈过程中，由于焦虑水平非常高，出现相互矛盾的特点，一方面意识狭窄，注意完全专注于当下自我焦虑的事件，另一方面又难于维持注意，很难自我探索，无法有效地感知引起自我焦虑的事件之外的世界。

当人们过度焦虑时，注意力会完全沉浸在引起自我焦虑的事件中，所有信息都可能被理解为加重这种焦虑的因素，很难接受其他观念，陷入注意狭窄的状态。在这种状态中，人们对外部信息的感知能力受阻，心理灵活性下降，很难专注于自我的情感体验和躯体体验，这样觉察情感和身体变化的敏感度就会下降。更重要的是，由于过度焦虑，所有能量都指向直接解决焦虑事件，尝试通过其他途径间接解决问题的动机就会下降或缺失，来访者往往表现出急切、固执、纠缠的行为特点。此时，仅仅依靠来访者“自主”已经很难解决问题。

“自主咨询”不涉及事件经过不涉及隐私，直接聚焦情绪，但如果来访者始终不能脱离事件的困扰，就需要详细问询事件。在事件访谈中找到引起来访者负性情绪的核心观念，冲击负性认知壁垒，及时种植积极信念。在咨询过程中要根据来访者提供的内容发掘可以帮助来访者的信息和观念，要寻找来访者自身的资源，帮助来访者在这些信息、观念和咨询中获得力量，解决问题。心理咨询师常常会提到一句话——来访者是来访者自己问题的专家，指的就是这个道理。很多时候来访者具有解决问题的能量和资源，只是运用得不恰当，咨询师的作用就是帮助来访者找到能够解决当下问题的合理资源，并恰当运用。

有些时候，由于来访者面对的问题本身的特点等因素，即便发现可用的资源，也不能在一次咨询中解决所有问题。鉴于来访者的特质和所面对问题的特点，一般建议做 6~8 次的短程咨询，也有些来访者的情况相对更为复杂，则需要更多次的咨询。

（三）咨询过程中的阻抗

阻抗是来访者在咨询中常见的心理表现，是一种对抗性的力量，这种力量的表现似乎指向咨询师和咨询过程，但实质是来访者内部自我的对抗。

阻抗的表现形式很多。可能表现为对环境的不安全感，例如感觉受环境噪音的影响，或感到有人走动的脚步，或者对咨询室隔音效果的担忧，等等。也可能表现为咨访关系的不信任，例如对咨询师咨询能力的质疑，对咨询师帮助的实际意图的怀疑，感到咨询师的问题语焉不详或无法理解而非常困惑，或者刻意迟到，打电话改期，也可能无故不来咨询，等等。阻抗更多的是针对事件的表现，例如回避，对本来想要解决的问题避而不谈或者顾左右而言他；隔离，想不起，遗忘，好像没发生一样；等等。

阻抗不是对抗，而是一种来访者的自我保护，是一种心理防御机制。

有阻抗表现的来访者有时会表现出不满，对环境不满，对咨询师不满，甚至表现出一定的攻击性，挑剔、怀疑、言语刻薄等都较为常见。例如，一位女性咨询者因不满婆媳关系来访，在咨询过程中当她讲到有一次在她生病时由于丈夫恰好出差，是由婆婆陪同她去医院时，来访者马上补充了一句与正在讲述的事件没有关系的话——我婆婆也有一件和你（咨询师）这件差不多的衣服，她穿着简直像一只火鸡。这是一句明显具有攻击性的而且很刻薄的话，看似是针对婆婆，实质是针对咨询师的。这种攻击性源于内心冲突——来访者更倾向于婆婆对她的挑剔，所以当咨询师问到了婆婆对她的帮助，这与她对婆婆的固有认知发生了冲突。

此外还有此案例中来访者的打断也是一种具有攻击意义的阻抗表现。下面案例中来访者在咨询前半部分，多次打断咨询师的话语，并不是因为来访者缺乏教养或疏于礼貌，而是阻抗。整个咨询过程中有近五分之四的时间来访者都处于精神紧张的状态中，虽然文字不能表现出语气和语速，但也能感受到她并不轻松。这种紧张状态中，遇到自我对抗的信息就会急切地要结束，因而“尽快结束这一个，进入下一个”就成了自然而然的行为表现，也就是打断。

回避也是阻抗常见的方式，沉默、转移话题等都是回避的表现。还有一些表现为提问，对一些显而易见或者很清晰的事进行提问，以此回避完成要求或回避回答问题。提问具有干扰作用，如果咨询师不能识别来访者的阻抗和回避，就可能陷入来访者的问题而改变咨询思路，来访者也就达到了对抗的目的，当然，这种行为可能是意识的也可能是无意识的。例如，本案例中咨询师要求来访者体会情绪和躯体感觉时，来访者用提问作为回答："打扰一下，一定会有感觉吗？"当来访者说出"打扰一下"几个字的时候，就已经在运用策略，只是可能是完全无意识地出于对事件体验引起的痛苦的回避而采取的防御机制——阻抗。如果咨询师发现来访者的阻抗就要及时回到咨询轨道，避免受到干扰。

有的来访者还会表现出消极的态度，对自我探索的抗拒，回答问题多是"不""否""没有"等，对调动认知和思维完成的任务表现出退缩或不能独立完成需要帮助和提示，等等，这些都是阻抗的表现形式。来访者并不是不具备自我探索的能力，也不是不能独立完成咨询师提出的任务，更不是对围绕事件的情绪和躯体都没有任何感觉，只是因为有阻抗的情绪。因为对事件引起的痛苦体验的拒绝，所以不愿意探索，退缩表现可能希望借口此来获得咨询师的情感支撑和陪伴。

前面提到的迟到、改期、不通知就爽约等都可能是阻抗的消极态度的表现，在咨询过程中咨询师要加以鉴别。

当然，阻抗的原因是复杂的，作为专业的心理咨询师要了解产生阻抗的各种因素。对于非心理专业的“自主咨询”的使用者，有时候来访者的阻抗可能会让咨询者感到被冒犯。如果出现这样的情况，首先要平复自己的情绪，理解对抗性是由于来访者自身的原因，安抚来访者，并建议来访者到专业的心理咨询机构，由专业的心理咨询师进行干预。

假扮女王的小四

中介物：扑克牌

来访者背景

王女士，43岁，曾任房地产公司中层，后经营私企。丈夫经营私企，共育一子在读小学。

此案例自始至终没涉及影响来访者的事件。访谈中来访者表现出强烈阻抗，第三次咨询开始后，来访者才逐渐开始跟随提问，完成咨询。阻抗是咨询过程中常遇到的情况。

咨询过程

第一阶段：咨询

（第一次开始）

咨询前把扑克牌翻过去，背面朝上，字面朝下。

咨询师：仔细体会一下现在的情绪，想一想引起情绪的这件事，给现在的情绪打个分。如果0分是最低分，表示糟糕透了；10 分表示你人生最快乐的时候。那么，此时此刻的心情在 0 分到 10 分之间，你会打几分？

来访者：7 分吧。

咨询师：好的。现在请你随机选择一张扑克牌，用这张扑克牌代表影响你情绪的这件事，其他牌放在旁边。

来访者：不用翻开吧？

咨询师：不用翻开，选一张就可以。选好了之后把它放在你面前的桌子上，安置好。

来访者：放哪儿都行？

咨询师：是的，放在你觉得舒服的位置就可以。

来访者：放好了。

咨询师：手指放在扑克牌上，心里想着这件事，认真体会一下此时此刻的情绪和身体感觉。

来访者：（沉默）

咨询师：（一段时间后）你现在是什么感觉，身体和情绪感受到什么？

来访者：（轻声地）情绪比较烦躁，身体没什么异常。

咨询师：嗯，想到这件事感觉情绪比较烦躁。

来访者：（快速回答）我不是情绪烦躁，是周围影响到我了。

咨询师：那么，烦躁的情绪是来源于你想到的这件事吗？（与来访者的回答相矛盾的问题，引导来访者回到要解决的事件中。）

来访者：嗯。

咨询师：好，那么现在请你猜测一下这张扑克牌的花色和点数。

来访者：（想了想）方块！ 6！

咨询师：嗯，方块6。在你的认知里方块6有什么含义？

来访者：（想了想）我现在想不出它有什么意义。就是对扑克牌的感受顺口说了一个方块，6是我喜欢的数字之一，我比较喜欢3、6、9这几个数字。

咨询师：那么当你想到这个方块6的时候，你有什么感觉？

来访者：（快速回答）没有，没有感觉。我是不是没进入状态啊，没有感觉。

咨询师：身体和情绪呢？（来访者的无关回答主要源于阻抗，引导来访者回到咨询框架。）

来访者：（快速回答）没有。

咨询师：刚才你感到烦躁，现在烦躁也没有了，是吗？

来访者：（快速回答）刚才是觉得环境影响，不安静，所以烦躁。

咨询师：那么我们换一个环境再开始。

来访者：好。

如果周围环境确实影响咨询，那么在条件允许情况下可以更换咨询环境；如果无法更换咨询环境，那么就要和来访者协商或使用咨询技巧和策略帮助来访者克服环境的不利影响。

（第二次开始）

由来访者重新洗牌，牌面朝下放好备用。

咨询师：还是像刚才一样，体会一下你想到这件事时的情绪，0分到10分，你会给此时此刻的情绪打多少分？

来访者：7 分吧。

咨询师：心里想着引起你情绪的这件事，随机选择一张扑克牌来代表这件事，并把它放在桌子上。

来访者：好。

咨询师：认真看着这张牌，回想这件事，仔细体会此时此刻的情绪。

来访者：（沉默一段时间后）没有什么特别的情绪感觉。

咨询师：嗯，那你猜测一下这张扑克牌的牌面是什么。

来访者：还要再选一个吗？那就黑桃 Q 吧。

咨询师：黑桃 Q 对你来说有什么意义吗？你刚才选择了方块 6。

来访者：（快速回答）没有意义，就是脑子里闪了一张。

咨询师：如果让你赋予意义的话，你认为黑桃 Q 代表什么呢？

来访者：（长时间沉默）这个必须要有意义吗，我觉得好像真没有，有点联系不上的感觉。

咨询师：这张扑克牌是代表事件的中介物，不是扑克牌本身。当你想着你要解决的事件时，你的感受如果用一张扑克牌代替，它是什么？你的感受是黑桃 Q。那么如果请你为黑桃 Q 赋予意义，你觉得它具有什么意义，或者可以用哪些词语形容？（来访者表现出明显阻抗，咨询师在说明中介物的作用时，既是对要求的解释说明，也有助于来访者理清思路，专注于咨询。）

来访者：（语气轻松）我没有情绪了，影响我情绪的事件已经没有了。刚才环境有点吵所以我有点烦，现在安静了，我就不烦了。

咨询师：你来访肯定不是因为环境有点吵引起的烦躁而来的，我们要解决的是最初促使你来访的事件，还有它给你带来的情绪，主要是负性情绪的问题。

来访者：好的，那重新开始。

咨询师：好的。（此时来访者表现出明显的阻抗，咨询师要安抚来访者并让咨询得以继续进行。）

（第三次开始）

咨询师：心里想着要解决的事件，体会一下你想到这件事时的情绪，0 分到 10 分，你会给此时此刻的情绪打多少分？

来访者：两三分。

咨询师：现在请你随机选择一张扑克牌，用这张扑克牌代表影响你情绪的这件事。选好之后放在你面前的桌子上。

来访者：好的。

咨询师：请把手指放在这张扑克牌上。想着引起你情绪的这件事，体会一下此时的情绪和身体感觉。（手指压在扑克牌上的目的是让来访者专注于当下正在进行的咨询。）

来访者：（想了想，轻声地）身体没有感觉，情绪有点压抑。

咨询师：你来猜测一下代表这件事的扑克牌的花色和点数会是什么？

来访者：黑桃 Q。

咨询师：黑桃 Q 对你来说代表什么呢？如果让你赋予它一些含义，会是什么呢？

来访者：黑暗，女王。

咨询师：仔细体会一下，当你想到黑桃Q的时候，你的情绪和身体感觉是什么？

来访者：（想了想，轻声地）心里闷闷的。身体没有感觉，没有什么特别的感觉。

咨询师：带着这种感觉，心里很闷的、黑暗的、女王的这种感觉，看一看这张牌和桌子构成的空间，如果请你给这个空间起一个名字的话，你会起一个什么名字？

来访者：（沉思）首要的。

咨询师：首要的。当我说“翻转”的时候，请你把这张扑克牌翻开，看看牌面的花色和点数。仔细体会看到的一瞬间，你的情绪和身体感觉。注意翻转之后还放在原来的位置。现在，翻转。

来访者：（客气地）打扰一下，一定会有感觉吗？

咨询师：不要打扰一下，把注意力集中在这个过程中，仔细体会，体会到什么就是什么。没有感觉也是一种感觉。（面对来访者的阻抗要明确要求，坚定而温和。）

来访者：好的。梅花4。

咨询师：当翻转的一瞬间……

来访者：（快速回答，语调较高）紧张，莫名其妙的紧张，躯体没感觉。

咨询师：梅花4如果赋予意义的话，会是什么？

来访者：梅花对我来说还是“黑暗的”。4，是我最不喜欢的一个数字，但没什么特别的代表，没想到什么。

咨询师：梅花和黑桃的黑暗，是相同的吗？（对细节提问。）

来访者：应该是一样的，区别于“红”。

咨询师：颜色是一致的，图案呢，有差别吗？（继续提问细节。）

来访者：（快速回答）没有区别。

咨询师：梅花4和黑桃Q对你来说没有区别吗？（追加提问细节。）

来访者：（快速回答）没有。

咨询师：它们的花色和点数的改变对你来说都没有什么变化吗？（引导比较，发现不同。）

来访者：（快速回答）没有。

咨询师：再回忆起这张牌代表的这件事，当扑克牌翻转之后是什么感觉？（回到情绪和躯体。）

来访者：有点失望。

咨询师：什么让你觉得失望呢？（调整认知。）

来访者：我希望它是红色的。

咨询师：即便都是黑色的，梅花和黑桃也是有差别的吧。如果从形态上看，梅花有更多的空白，看起来比黑桃透气性要好。虽然它依然是黑色的，但有一些空隙，光线可以透过去，可以看到在黑色的背后还有一些白色的东西。黑桃和梅花还是有差别的吧？不完全相同。（面对来访者的强烈阻抗，调整认知。）

来访者：我没想到。我只想着“黑”和“红”，在我心里代表两种意义吧。

咨询师：你心里的是“黑”“红”，但在“黑”和“红”之间，还有黑与黑的差异，红与红的差异，是不是只有两个极端呢？（帮助来访者认识到自己思维的局限性。）

来访者：不是。

咨询师：再来看Q和4，牌面大小一样吗？

来访者：不一样，Q大一些。

咨询师：Q是很大的牌面了，4呢，则要小一些，它的权重也不如Q。如果用扑克牌代表引起你情绪的事件，黑桃Q在扑克牌中是很大的牌面，而梅花4则是很小的，权重低得多。有没有可能是你把事件想得很大，而实际上它并没有你想得那么大，也并没有那么黑暗？（调整认知。）

来访者：嗯，是的。

咨询师：Q在扑克牌里代表"女王"，一个看起来像"女王"一样的事件，实际的样子只是个"小四"，完全没有"女王"那么大的能量，没有那么大的权力，也没有那么大的管辖范围和影响范围。（通过中介物调整认知。）

来访者：是的。

咨询师：你觉得它强大，它像"女王"一样，而实际上它只是一个"小四"，并不算什么。你是不是完全有机会平等地面对它，甚至有更多能量打败它？（调整认知，看清事件和自我实际的样子。）

来访者：是，的确事实就是这样。

咨询师：现在看着这个"梅花4"回忆这件事，你是什么感觉？（从投射到中介物的认知调整到"情绪—认知—躯体"

构成的心理系统。）

来访者：（想了想）可能事情没有我想象的那么大的影响吧。

咨询师：在回忆事件的过程中，你的情绪和躯体感觉和最初想到这件事时的感觉有什么变化？

来访者：（稍停顿）回忆的时候是带着问号的。现在我觉得心里没有那么闷，就好像把这个话题岔开了一样，好像我想的那个问题已经过去了。

咨询师：嗯，就像开始的时候你认为它是一个“黑桃”，全是黑的，但现在发现它是一个“梅花”，虽然也是黑的，但黑的里面还有那么一点儿亮光。（“找例外”技术。）

来访者：是的。开始的时候想起来真的是挺闷的。

咨询师：经过这几分钟的咨询，和咨询之前相比，这件事对你的影响有什么变化？

来访者：说实话，没有。一旦去想什么事令我最烦心的时候，可能还是这件事。

咨询师：那也没有关系。可能一直以来都把它当成“黑桃Q”了，想要像“梅花4”一样看待它，还需要一些时间和技巧，而今天就是一个很好的开始。我们曾经认为它是特别强大的，像“女王”一样，而实际上它也没什么，只是一个“小四”。（调整认知——即便没有质变，量变也是可喜的。）

来访者：嗯，还算好一些。

咨询师：从前我们认为自己非常渺小，所以把仅比“三”大一点的“四”当成“女王”，觉得它好厉害，完全黑暗，让我们感到很闷。但现在我们改变视角，发现这件事其实没有我们想象的那么强大，它也就从“女王”变成了“小四”，在黑暗中也能透出光亮，让我们不那么压抑。即便在生活中它还是最烦心的，但有那么一段时间，我们烦的程度下降了。

现在再来看一下这个牌面和桌子组成的空间，如果让你再次命名，会是什么？

来访者：（想了想）还是“首要的”。

咨询师：好的。接下来，我们进入咨询的第二阶段，梳理阶段。请你非常认真体会一下，从咨询开始到现在整个咨询过程中，你的情绪、躯体和认知的改变，以及对这件事的态度的变化，或者其他的感受，有什么就写什么。用大约 5 分钟的时间，以文字的形式记录下来。当你写好之后，我们进入咨询的第三阶段。

来访者：好的。

第二阶段：梳理

来访者独处，思考并记录咨询中的收获和体验。

第三阶段：反馈

咨询师：请你大声读一读你总结的内容。

来访者：好的。我的情绪变化是：从郁闷到略紧张，到略失望，到比较轻松。认知是：从没有头绪到有一点儿释然。躯体反应是：从无到略紧张，到没有。

咨询师：如果只用一句话来说明你的变化，你会怎么总结？

来访者：知易行难。

咨询师：很好。那我们行动起来，来留一个家庭任务。如果让你做一个小小的改变，就会让你的生活不一样了，朝着美好的方向前进那么一点点，你会在哪方面做出一点儿改变？

来访者：减肥。

咨询师：以前减过肥吗？（探讨任务的成功可能，以便和来访者讨论任务的合理性。）

来访者：减过。

咨询师：成功的概率是多少？（数字化。）

来访者：百分之 20 吧。

咨询师：看来这个任务要成功比较不容易，我们换一个方向来做点容易的。在其他方面做一点小改变，你很容易做到的，又能让生活变得不一样的改变。（当来访者提出的任务计划很容易失败时，可以讨论其他计划。任务的主要目的是让来访者获得信心，改变认知，如果很难成功，则作为"自主咨询"的任务就并不合适。）

来访者：（沉默一段时间）我想不出来。

咨询师：想不出来也没关系，你在为让生活变得更美好积极的思考，这本身就是一种变化，这个问题即使你今天没有解答……（鼓励防止产生挫败感，给来访者更多空间。当来访者确实很难提出恰当的计划时，宁可没有也不要将很难实现的目标作为任务。）

来访者：（快速回答）以后也还会想的。

咨询师：嗯，还会想的。如果你想到了呢，就积极地去实践，但要注意这些改变要小，而且要易于实现，不要给自己太大的压力。（鼓励。）

来访者：好。你能举个例子吗？

咨询师：好。比如遇到熟人自己先开口打招呼，或者先露出微笑，或者先点头示好。这就是一个小改变。

来访者：（快速回答）那就对孩子不发火。

咨询师：这是一个非常好的改变！如果父母不再和孩子较劲了，那孩子的人生就改变了。（振奋性鼓舞。）但如果原来经常发火，一次性减少到"不发火"，这也是有难度的，因此你可以降低难度分步进行，减少次数，降低程度。（对合理任务讨论可执行性。）比如原来平均每个月发 10 次火，现在可以减少到每个月 9 次，之后再减少到每个月 8 次；原来每次发火骂孩子 30 分钟，骂完了自己还得生气 5 个小时，这个月先下降到平均每次骂 25 分钟，争取每次骂完孩子自己只生气 4 个半小时。

来访者：（语气轻快）哈哈，是，每次都自己生很长时间气。

咨询师：把这些改变让量化，变得更小，一小步一小步地来实现。平和稳定地改变，让我们自己容易做到，让孩子也容易适应。要不然你突然不发火了，孩子也吓一跳——嗯？什么情况？我老妈怎么突然不发火了呢？孩子也心虚。（以轻松的口气提出计划步骤。）

来访者：哈哈，好。

咨询师：刚才说的家庭任务就和减少发火有关，每两周或者每个月回顾一下，发火的次数减少了多少，每次发火持续时间减少了多少，做一个统计。能做到吗？完成起来有没有难度？（讨论任务的观察与评估方法，以便更好地测量。）

来访者：能做到，没什么难度。

咨询师：好。那我们今天的咨询就到这里可以吗？

来访者：好的。再见。

咨询师：再见。

咨询总结

有些时候，由于咨询室的位置等因素，确实可能出现环境因素干扰咨询的情况。当来访者提出环境干扰对其造成影响，可以在有条件的情况下帮助来访者调整咨询环境，以期让来访者达到最理想的咨询状态。有些来访者，特别是高焦虑的来访者，对干扰因素相对更为敏感。如果没有条件换一间咨询室，咨询师要采取一定的措施，例如关窗等。也许这样的行为也不能在实际上消除干扰因素，但对来访者来说是一种积极暗示，表示他的感受被接纳、被理解、被重视，这样，即便不能真正消除外部因素的影响，也会让来访者感到放松。咨询师还可以运用一些干预技巧，让来访者在心理上降低对干扰因素的关注，集中于当下咨询的内容。

实际上，本案例的来访者两次开始咨询都没能进行下去，正是由于强烈的阻抗。关于阻抗在前面已经详细介绍。

有些时候，来访者的思维局限于非黑即白的极端化思想中，总是忽视介于黑与白之间的不同明度的灰，所以，看扑克牌只有红与黑的差别，没有黑桃于梅花的不同。然而，世间所有的事如果都能用是与非、红与黑来衡量和评价，那或许人们就不会再有那么多烦恼了。对此，咨询师要和来访者共同进行认知方面的探讨，帮助来访者破除非黑即白的情感定势和固化思维，辩证、多元地观察和评价身边的人和事，从不够成熟的极端思维中跳脱出来，快速心智化，完成认知重构，在自我成长中体验用不同思维方式观察世界和事件。

有时候人们会用灾难化的思维衡量身边发生的事。当然，对于不同的人，一件事的影响力是不同，但即便对于同一个人，人们也会有“自己难以应付这样的事件”的误解。在当事人眼里，事件就像童话里的女王一样，有力量，会魔法，控制着自己和世界；而自己相比之下则显得没什么影响力，不知所措，自惭形秽。在这种情形里，人们开始用消极的态度对待事件，压抑自己的能量，或许行为方面并没有什么变化，但心理状态已经逐渐退缩，缺乏自信。当人们可以跳出被局限的思维，从旁观者角度观察事件与世界的关系，就可能改变认知，对事件和自我的能量重新分配，原本像女王一样的事件，也许只是一个在游戏中仅比“3”大一些的“4”。

家庭任务的作用是巩固咨询成果，以行为带动思维，要能起到增强来访者自信心的作用，在“自主咨询”中不宜以挫折训练为家庭任务。很多人想把减轻体重作为家庭任务，但如果来访者不是做与体重相关的心理咨询，那么就不适宜以体重的变化作为家庭任务。这类任务会在心理上造成焦虑，在生理方面也可能会产生不良影响。家庭任务应当选择健康、积极、容易实现、可量化、可操作的形式，要能够促进来访者个人成长，才是更好的选择。

并不是每一次咨询都一定要期待明显的变化，来访者的变化可能在咨询中表现得很明显，也可能几乎体会不到什么改变。改变是潜移默化的，也可能是在离开咨询室之后才发生的。所以，当咨询结束时来访者即便没有明确表示咨询给他带来明显效果，也不妨碍来访者实际上已经发生的隐性改变。心理咨询效果有时候并不是立竿见影的，而是有一个酝酿期，在生活中逐渐发生的。

（四）特殊来访者的特殊关系

下面这个展示案例是几经调换最终确定下来的一个案例。严格来说，作为“自主咨询”的案例，它不够典型，之所以被选中，是因为来访者的特殊性以及来访者咨询的关系的特殊性。

来访者是一个普通高校的大一学生。身份普通，但身世不普通。一个襁褓婴儿因为一场意外成了重度残疾，被父母遗弃，幸而被一个老人收养。二十年过去了，老人已经八十几岁腰弯背驼，婴儿成了大学生，两个人依然相依为命。来访者的成长环境很简单，成长中受到了老师和同学的照顾，心性纯良，思想简单，心智和年龄不符的单纯。老人高龄而又多愁多病还在照顾着孙子的生活。两个人的社会关系非常简单，是彼此唯一的重要他人，而这种关系随着老人的衰老在一天一天变得脆弱。

孙子是为和奶奶的关系而做的电话咨询，脆弱而又唯一的亲密关系出现裂痕。这种裂痕不是由于外部因素的干扰，问题发生在两个人身上。两个人的关系无论如何改变也不会断裂，因为彼此是彼此的全部亲人，当比其他人更能表现“相依为命”关系的亲人之间出现龃龉，更令人动容。

当咨询师意识到来访者重要关系的脆弱性和依赖性，就不再拘泥于“自主咨询”的环式问询和时限，对他进行更细致的咨询。“自主咨询”最重要的目标是帮助来访者解决生活琐事引起的情绪问题，最终实现自我成长，对于可能对来访者产生重要影响的事件不建议使用。此案例中来访者对奶奶的唠叨表现出不满，这似乎很适用“自主咨询”，由于来访者身世的特殊性以及来访者个人特点，这个小事件有产生重大影响的可能，而且这个重大影响可能是不可弥补的。因此，咨询师从来访者的实际利益出发，对“自主咨询”的固定问询体系和时间限制都做了调整。

丧气还是臣服，何去何从

中介物：文字

来访者背景

施先生，20 岁，安徽人，在读大学一年级。来访者原是一个残疾弃婴，被一个老奶奶拾到抚养，受到社会援助完成小学到高中的教育，现考入安徽某大学。奶奶，86 岁，有低保，没有固定经济来源，子女不在身边，在收养来访者前独居，后与来访者一起生活。

在访谈过程中来访者叙述因觉得奶奶过分唠叨而感到困扰。

咨询过程

第一阶段：咨询

咨询师：请你想一想引起你情绪的这件事，仔细体会一下此时的情绪，请你给此时此刻的情绪打个分。

如果 0 分是最低分，表示糟糕透了；10 分表示你人生最快乐的瞬间。那么，在 0 分到 10 分之间，此时此刻你会给由这件事引起的情绪打几分？

来访者：7.5 分。

咨询师：现在想着引起你情绪的这件事，如果只用一个字来代表这件事，你觉得什么字比较合适？

来访者：那我得想想。

咨询师：好的。

来访者：（语气平和）用"丧"吧，垂头丧气那个"丧"吧。

咨询师：当你想到这个"丧"字的时候，你的身体和情绪有什么感觉？

来访者：（轻声地）感到无能为力。

咨询师：想着这个字的时候，你的身体有什么感觉吗？

来访者：身体没什么感觉，但是脑子里会出现一些画面。

咨询师：什么样的画面？

来访者：（语速较快）是那种被吊在半空中，上又不能上，下又不能下的尴尬的局面。

咨询师：当你想到这些画面时候，你的心情是什么样呢？

来访者：无能为力，面对我奶奶我总是无能为力。一方面很着急，另一方面又很恼火。

咨询师：嗯，令人着急又恼火。接下来，当我说"翻书"的时候，把你面前的书随机翻到一页，看到第一个字，仔细体会当看到这个字的一瞬间，你的情绪和身体感觉。现在请你翻书。

来访者：看到第一个字是"大臣"的"臣"字。

咨询师：你看到这个字的时候心里什么感觉？

来访者：这个字嘛，可能因为我所学专业的缘故，我会想到，这个"臣"字一开始是表示"奴隶"的意思，我感觉和"丧"字差不多。

咨询师：结合古代和现代，"臣"除了"奴隶"的意思，还有什么含义？（认知调整。）

来访者：还有相对于“皇帝”的一个“下属”。

咨询师：它有“下属”的意思，有没有“臣服”的意思？（认知调整。）

来访者：是，有的。

咨询师：如果你安于“臣服”的状态，安安心心地在“下属”的位置上“臣服”于“皇帝”，这种“丧”的感觉会不会就轻一点儿了？

来访者：（想了想）嗯，如果真能做到的话，那肯定不会那么“丧”了，但具体做到这一点是有难度的。人嘛，都是有脾气的。

咨询师：你说得太好了。请你思考一件事，如果你做一个小小的改变，不要大，一点小改变就可以，就会让你看起来是一个“皇帝”的好“下属”，还能让奶奶觉得你“臣服”于她。你觉得哪件事有一点点变化，就会出现这样的情况？

来访者：让我想想。（语气轻快）嗯，就是把臭袜子及时洗了吧。

咨询师：哈哈，这确实是件好事。那会不会对你和你奶奶之间的关系有所触动呢？（回到实际生活面对的问题。）

来访者：我感觉会是让我奶奶减少对我唠叨的一个点。

咨询师：那真是太好了！这真是一个小小的投入带来大大的好处的改变。奶奶觉得你“臣服”了，对你的态度就会更好了；自己也能及时穿上干净的袜子，心情也好了；生活环境不被臭袜子熏了，你们的身体和心情都好了，也就不那么“丧”了。这买卖太值了。（振奋性鼓舞！）

那接下来呢，请你用 5 分钟的时间……

来访者：（语气轻快，略带戏谑）去洗袜子吗？

咨询师：哈哈，当然不是了，我们的咨询还没有结束，结束之后你可以考虑马上回家洗袜子。（鼓励来访者的任务计划。）

来访者：好吧。

咨询师：你最初觉得用一个“丧”字来代替这件事，到翻开书发现这件事实际是用“臣”字代替，在这个过程中你的情绪和躯体感觉有什么变化？

来访者：嗯……变化是有，但我不知道该怎么表达。如果你问有没有变化，那我回答“有”就行了。

咨询师：是的，正是这样的问题才让你有更深入的自我探索和体验，才能有更大的变化和成长。现在你仔细体会一下，这种变化是什么呢？

来访者：（想了想）我心里有顾虑。

咨询师：对什么有顾虑？（积极解决来访者的困惑。）

来访者：（有些无奈）如果只是我自己的问题，我自身就可以调整，但我们总是达不到对方的要求。比如我和我奶奶，我可以像刚才说的把袜子洗了，即使我把袜子洗了，也只是减少了她一个唠叨的点而已，她想唠叨还可以接着唠叨。

咨询师：这个世界上确实有很多无论我们做什么都无法改变的事，但我们可以做点什么改变一下我们能改变的部分，让我们的生活有那么一点点不一样。你觉得你自己改变一点让生活更好一点和让奶奶不唠叨让生活更好一点，哪个更容易做到？（调整认知。）

来访者：让奶奶不唠叨可能做不到，她不唠叨这件事也唠叨别的事。

咨询师：奶奶不唠叨可能做不到，但是我们可以做点什么让她减少唠叨的次数，是不是？你洗袜子这件事能不能减少她唠叨的次数？

来访者：（平和但有些无奈）我没有你说的那么乐观。我量化地说吧，我奶奶可能每次唠叨 10 句，要是按你说的，我把袜子洗了她可能唠叨七八句，但据我了解，她还会唠叨 10 句——因为不说这件事了，还会说别的事！

咨询师：这个就是我们不能改变的了，不过在洗袜子这件事上她就不会再唠叨你了，是吧？确实，当我们把目标设定为“改变环境和别人”的时候，有时候我们真的做不到，有“无能为力”的感觉。但是，我们可以改变对“不可改变的事”的看法。比如最开始你以为这是件像“丧”字一样的事，可实际上它是个“臣”，你不把它当作“丧”而是当作“臣”字，像一个下属一样用臣服的心看待奶奶唠叨这件事。就这件事而言，是改变自己对这件事的看法更容易，还是改变奶奶的唠叨更容易？

来访者：可能我在那一刻觉得不“丧”了，但以后可能还会继续“丧”。我觉得哪怕我还没有做到一件事，可我知道我该怎么做——那一刻我就是乐观的。但如果她还没完没了唠叨就还是觉得“丧”。

咨询师：那一刻觉得乐观不就有了一个好的开始嘛！有了那一刻的乐观还愁没处寻找下一刻的乐观吗，是吧？！

来访者：但她还是总唠叨啊！

咨询师：她是最近才开始唠叨你的，还是一直都唠叨？

来访者：一直都唠叨！

咨询师：那是什么让你一直都没觉得唠叨如此烦人，而现在感觉她的唠叨让你烦恼、不乐观了呢？

来访者：就是很烦。

咨询师：那奶奶一直没改变，唠叨是她一直做的事。是谁改变了？

来访者：我也没改变什么，我一直都很烦她的唠叨。

咨询师：哈哈，是啊，既然两个人都没改变，那就改变改变。如果一定要有一个人发生点儿变化的话，你和奶奶谁更可能是那个发生改变的人？

来访者：奶奶是不可能改变的。

咨询师：奶奶是不能改变的，那就你来改变一下。刚才说了你做出改变及时洗袜子也不能让她的唠叨减少，那能不能在其他方面再变一变。比如，奶奶唠叨的时候，你把她的话当成 RAP 来听，还带了那么点儿节奏感。

来访者：（欣然地）哈哈，我奶奶唱 RAP，哈哈，那可有意思了。

咨询师：是啊，既然奶奶是不能改变的，我们能不能改变一个角度来看那些让我们感到烦，感到"丧"的事。我们改变了，这个事是不是能有点儿转机？

来访者：可能吧，也只能这样了。

咨询师：你和奶奶相比呢，如果一个人代表落后的、固执的、难改变的，一个人代表先进的、可以接受新鲜事物的、可以自我成长和改变的。你觉得谁是前者，谁是后者？

来访者：我奶奶肯定是固执的，基本改变不了。

咨询师：奶奶年纪大了，想让她改变比自己改变还难。那我们换个视角来看，不说她唠叨可能是出于关心，只把她唠叨当成唱歌，不怎么找得着调地唱，跑调儿了也唱的留声机。你还可以把奶奶的唠叨当成一个好玩儿的事，计个数，看看她每次唠叨能提到几件事，每件事平均唠叨几句话，每句话用几个字，等等，把奶奶的唠叨当成你和奶奶之间的游戏。放假的时候全天在家还可以统计一下奶奶在一天的哪些时段唠叨最多，什么时段说什么事儿，等等。你今年上大学了吧，思维很活跃，还可以再想一些有创意的游戏，就针对奶奶的这个唠叨。

来访者：哈哈，我想想吧。

咨询师：那就从你开始改变，你觉得可以吗?

来访者：可以吧。

咨询师：接下来请你用 5 分钟的时间，非常认真地体会一下，从咨询开始到现在整个咨询过程中，你的情绪、躯体和认知的改变，或者对这件事的态度的变化，用文字的形式记录下来。不要太长，但是要真情实感。当你写好之后，我们再进入咨询的第三阶段。

来访者：好的。

第二阶段：梳理

来访者独处，思考并记录咨询中的收获和体验。

第三阶段：反馈

咨询师：接下来就请你把刚才写的大声读一读。

来访者：啊，我不好意思读。哈哈。

咨询师：没关系，大声读一读也是自我超越，不好意思才要试一试，试过了就超越了。（积极鼓励。）

来访者：好吧。一开始有点疑惑，后来有点紧张，但整个过程都比较平淡。因为现在是回忆已经发生过的事，不在那个不良的情绪里面。中间还有一会儿很兴奋，想起一些好玩儿的事。

咨询师：好的。那就带着这些有点复杂但是很丰富的情绪结束我们今天的咨询好吗？

来访者：好的。

咨询师：别忘了咨询结束以后及时把臭袜子洗了啊。

来访者：哈哈，好的。

咨询师：再见。

来访者：再见。

咨询总结

不同代际人群的认知冲突是普遍的，表现在很多方面，不仅仅是家庭中的亲子关系、祖孙关系，也体现在社会群体之中。代际冲突，不仅体现在观念、行为上，社会心理方面的冲突也是显而易见的。

在一个家庭中，祖孙间的代际冲突可以看作社会群体的缩影。

青少年的成长过程，通常也是学习文化的过程，青少年在自我丰富、自我进步中，渐渐开始挑战父辈、祖辈的权威地位，形成自主观念和不受束缚的自我行动意识。此时，父辈和祖辈也需要转变观念和行动意识，从绝对权威到发现并尊重小辈可以独立决定和承担一些事，有些家庭还会有小辈成长到足以取代前辈成为家庭中新权威的现象。

通常情况下，这是一个长期的过程，而且是焦灼、反复的过程。代际冲突就在这个阶段出现，无论哪一方处于绝对权威的位置，都没有冲突。

一些有特殊情况的家庭，可能会出现特殊的代际冲突。

一个耄耋老人，身体情况不容乐观，总担心自己去日无多。老年人想要克服心理的丧失感和对岁月的无力感，而又没有足够的体能和精力，最让他们感到不安的人和事也就成了他们口中长长的碎碎念，即使不是这一件也还会是下一件。似乎唯有这样，才能安抚他们心里的不安和牵挂。这是一种降低焦虑自我平复的方式。

一个没有健康体魄，没有父母亲的孙子，就成为奶奶心里与口中舍不下的惦念。即便是一个健康的孩子，在只有祖孙俩的家庭中，孙子也是奶奶的“不放心”，也会希望孩子各个方面都强大起来，以便未来可以在没有奶奶的时候好好生活，又何况是一个残疾孩子，更是一个无论在法律上还是情感上都没有血亲可以照顾的孩子。

奶奶的碎碎念，是她的焦虑不安。

孙子对奶奶碎碎念感到烦恼和丧气又无能为力。烦恼和丧气，听得多了，他知道了奶奶的焦虑不安，可是他同奶奶一样，知道很多事会发生而同样无能为力。他想做些什么让奶奶少一些唠叨、抱怨，少一些碎碎念，但他知道这些都来自他们无法解决的问题——奶奶的高龄，他的残疾，没有血亲。他越长大越知道这都是奶奶放不下的，也都是他无法解决的，无能为力的。

当无法改变环境的时候，改变对环境的认知就是让生活不再“丧气”的办法。改变奶奶“是不可能的”，那就改变自己。

心理咨询永远要以来访者为中心，每个来访者都是独立的、特别的，当“自主咨询”遇到特殊情况，例如以上几种情况又不限于此，咨询师要根据具体实际和咨询需要随时评估，必要的时候及时调整咨询方法。

“自主咨询”是为了最大限度地帮助普通大众解决生活琐事带来的小情绪的问题而创立的心理咨询方法，它的实用性的意义远大于纯洁性，在使用过程中根据来访者的实际情况调整咨询方式和咨询策略，或者与其他方法共同使用，是被提倡的。

第三节　团体“自主咨询”及案例分析

一、团体“自主咨询”以个体“自主咨询”为基础

“自主咨询”也可以应用于团体咨询。团体咨询以个体咨询为基础，与个体咨询的要求相近。

第一，团体咨询的对象与个体咨询相同，要求来访者有一定的自我觉知能力。使用“自主咨询”进行团体咨询的成员，也需要来访者达到一定的年龄，智力水平正常或接近正常，具有一定的思维能力和自我觉察能力。如果达不到最基本的要求就不适用“自主咨询”，因为“自主咨询”，特别是团体咨询中，咨询师的作用主要是完成指导语，自我探索和自我成长更多依赖于来访者的“自主”。参与“自主咨询”团体咨询的来访者要有更高的觉知能力，如果曾体验过“自主咨询”或看到他人使用“自主咨询”，再参与团体咨询会更理想。

第二，团体咨询也是针对由生活琐事引起的情绪问题，对于情感卷入过深或可能影响人生的事件，尤其已经引起继发性问题的事件同样不适用，这一点在“自主咨询”应用于团体的指导

语中会有提示。但也存在有些来访者首先想到或者迫切想要解决的是对他的情绪影响较大的事件，这种情况如果在个体咨询时出现，会比较容易被咨询师觉察，但在团体咨询中，每个来访者个体的心理状态会被团体掩盖，导致来访者在跟随团体咨询师指导语时，会因为自身情绪不能被及时解决而导致心理不适。因此，“自主咨询”应用于团体咨询也要求来访者只用于解决生活琐事、小事件引起的小情绪。

第三，团体咨询的问询体系和基本结构与个体咨询一样，也分为三个阶段，并按一定顺序对来访者提出相应的问题或要求。

二、团体“自主咨询”和个体“自主咨询”的差异

“自主咨询”应用于团体咨询以个体咨询为基础，但二者也有明显的差异。

（一）咨询流程有差异

个体“自主咨询”的流程包括三个阶段：咨询、梳理、反馈；团体“自主咨询”的流程是：咨询阶段、梳理阶段、交流阶段（分享答疑阶段）。团体“自主咨询”的交流阶段用于团体成员内部分享和交流，咨询师带领来访者交流咨询过程中遇到的问题、咨询感受、咨询收获、个人成长以及其他来访者想要与咨询师和其他成员讨论和交流的内容。

需要注意的是，心理专业人员作为咨询者和非心理专业人员作为咨询者，这一阶段的任务是有差异的，指导语也不相同，具体在下一部分详述。

（二）团体“自主咨询”需要有指导语

“自主咨询”以“全民适用”为出发点，让非专业人士也可以很容易进行操作，对于团体“自主咨询”的咨询者来说，不需要经过特殊培训，只要掌握了个体“自主咨询”的问询体系，按照固定流程使用即可。但有一些要求和特殊提示，需要在团体“自主咨询”的指导语中做出说明。

团体“自主咨询”比个体“自主咨询”增加了指导语，在“自主咨询”开始之前应用。指导语包括对“自主咨询”流程、时间、使用的中介物、来访者在团体咨询中应注意的事项，以及来访者处理的事件的特点，等等。

团体“自主咨询”指导语如下：

咨询包括三个阶段，每个阶段约 5 分钟。

第一阶段是咨询阶段，需要大家选取中介物。本次团体“自主咨询”使用的中介物是 ×××。

我们给大家提供 ×××（中介物）的时候是背面朝上，大家听咨询者的要求任选一个。注意在没有要求大家翻转的时候，请不要看它的具体内容。

这个阶段会请大家思考一件大家内心想要解决的事件。选择由生活琐事引起的小情绪问题，请注意尽量不要选择对各自人生有重大意义或可能会引起强烈情感的事件。

第二阶段是梳理阶段，需要大家书写。我们给大家提供的纸笔（或其他能以文字形式记录的工具）就是在这个阶段使用。

第三阶段是分享答疑阶段，大家在咨询过程中有疑问或想分享和交流的内容可以在这个阶段提出。（注意：如果是非专业背景的咨询者，第三阶段指导语应为：第三阶段是交流阶段，大家可以交流在咨询过程中的收获，或者分享自己在今后的生活中在哪方面做出一点改变就可以对这类事件处理得更好。）

（三）有些来访者需要做个体咨询或转介

在团体“自主咨询”中，由于咨询者不能像个体咨询那样一对一和来访者交流，可能会出现来访者对指导语理解不清或咨询过程中由小事件引发了大情绪等情况，导致来访者可能出现超出预期的情绪体验。咨询者如果发现这种情况，需要及时处理。如果咨询者是专业心理咨询师，可以和该来访者协商，在团体咨询之后为该来访者安排常规个体咨询。如果咨询者是非专业心理咨询师，可以建议来访者到具有专业资质的心理咨询机构进行系统的心理咨询。

虽然“自主咨询”应用于个体咨询和团体咨询是有差异的，但在团体“自主咨询”中依然体现了用时短、效率高、适用人群广等特点。

三、案例分析

人生非净土，各有各的苦恼

中介物：扑克牌

咨询师： 今天我们一起做团体的“自主咨询”。有的朋友对个体的“自主咨询”比较熟悉，有的朋友可能第一次接触“自主咨询”，我先介绍一下“自主咨询”的基本流程。

团体的“自主咨询”流程和个体“自主咨询”流程一样，包括咨询、梳理和答疑分享三个阶段，每个阶段约 5 分钟，共 15 分钟。

第一阶段是咨询阶段，需要大家选取中介物。这次团体咨询给大家准备的中介物是扑克牌。我会将扑克牌背面朝上，大家任选抽一张。需要注意的是，在我没有说“翻转”之前，大家都不要将自己手中的扑克牌翻过来，保持它背面朝上。如果不小心看到了牌面，可以重新抽一张。

在这个过程中大家脑子里想着你要解决的事。但要注意这个事得是生活琐事引起的小情绪小问题，尽量不要选择对人生有重大意义或可能会引起强烈情感的事件，因为“自主咨询”对小事件或琐事引起的小情绪具有良好的调节效果，而对于重要的或比较重大事件引起的强烈情绪调节效果不明显。在咨询阶段，大家只要跟着咨询师的提问来“自主”完成。

紧接着是第二阶段，即梳理阶段，需要大家用手机编辑或者动笔记录各自的体会。手机编辑的可以直接发到我们的交流群里，动笔写的可以直接交流，也可以拍照发到群里。如果有的朋友不想把自己的体会和大家分享，只想“写给自己看”，也是可以的，只是与大家进行交流的咨询效果要更好一些。

第三阶段是交流阶段，大家在咨询过程中有疑问或者有什么想交流的感受都可以在这个阶段和大家分享。

第一阶段：咨询

咨询师：大家对“自主咨询”的过程清楚了吧？（稍作停顿，以便和对团体咨询过程有问题的来访者进行交流。）接下来我们开始团体“自主咨询”。

请大家集中注意力想着你想要解决的事，仔细体会此时此刻的情绪，在心里给此时此刻的情绪打个分。如果0分是最低分，表示人生中最糟糕的时刻，10分表示最高兴最开心的时刻，此时此刻你的情绪会是几分？

当咨询师走到你身边时，请你在托盘里随机选一张扑克牌代表你想到的这件事。注意不要翻开扑克牌。选好之后将扑克牌扣在手里，心里想着影响你情绪的事，仔细体会当你拿着这张扑克牌时，情绪和身体有什么感觉？在心里用比较具体的词汇描述一下。（进行团体“自主咨询”时，咨询师不能和每一个来访者及时沟通，更多依靠来访者的“自主”完成咨询，因而帮助来访者将意识之下的感觉和体验上升到意识层面对解决这些情绪问题起到至关重要的作用。咨询师具体化、语言化的行为能够帮助来访者将情绪和感觉意识化。）

现在，把自己手里的扑克牌放在面前的桌子上，安置好。（没有桌子也可以放在手上。）体会一下心里对这件事的感觉，你认为这张代表事件的扑克牌应该是什么花色什么点数？

（稍作停顿以便来访者能充分思考。）这个花色和点数对你来说有什么意义，是什么含义？它意味着什么？（语速放缓。）

这张代表事件的扑克牌和代表事件之外世界的桌子构成一个空间，要是让你给这个空间起个名字，你会起个什么名字？（如果没有桌子，可以让来访者想象代表事件的扑克牌和扑克牌之外的世界——“现在拿着手里的扑克牌，想象着扑克牌和扑克牌之外的世界，如果让你给这张代表事件的扑克牌和它的外部世界构成的整个空间起个名字，你会起什么名字？”）

想好之后，当我说“翻转”的时候，把扑克牌翻转过来，之后还放在原来的位置。注意仔细体会当看到扑克牌真实牌面的一瞬间，身体和情绪的感觉。现在，翻转。（没有桌子的情况下不需要强调放回原位。）

（语速放缓。）在心里用语言描述看到牌面的一瞬间，身体、情绪的感觉，用比较具体的词汇描述这些感觉。

（语速放缓。）现在，回忆一下刚才翻转之前的感觉，比较扑克牌翻转前后你的情绪和躯体感觉有什么不同？也可以通过刚才和现在使用的描述的词语进行比较。（团体“自主咨询”不同于个体“自主咨询”，在来访者跟随咨询师的提问进行“自主咨询”时，不能及时与咨询师沟通。因此，来访者在跟随过程中可能会遇到困难。咨询师在使用“自主咨询”问询体系提问过程中，可以根据实际情况，对提问加以解释，或提供一些线索帮助来访者顺利完成“自主咨询”。）

现在再次回忆影响你情绪的这件事，心里是什么感觉？和之前感觉有什么不一样？（语速放缓，提问后稍做停顿。）对比一下，你觉得此刻它对你生活的影响和此前有什么不一样？

此刻你再看一看这张扑克牌和桌子构成的这个空间世界，带着你此刻的情绪和身体感觉，如果再次对它们命名，你会想到什么？（如果没有桌子，同翻转之前一样让来访者想象扑克牌和它之外的世界——“再来看一看这张代表事件的扑克牌，想象一下它和它之外的世界构成的空间，如果再次对它们命名，会是什么？”）

仔细体会此时此刻的情绪，你再来打个分。还是0分是最低分，表示糟糕透顶，10分是最高分，表示生活中最快乐的时候，此时此刻你的情绪是几分？

如果大家已经打好分了，那我们进入第二个阶段——梳理阶段。还是给大家5分钟左右时间，思考从咨询开始到现在，自己有哪些改变，如身体感受、情绪、躯体、认知等，都可以。可以用手机编辑后发送到团体咨询微信群里和大家交流，也可以用纸笔写下来，然后拍照发到微信群里。（咨询前给来访者准备纸笔。）

第二阶段：梳理

来访者记录“自主咨询”中的体验和收获。提醒大家记录下自己在扑克牌翻转前认为的牌面是什么，翻开后又是什么，翻转前后空间的命名各是什么，自己在扑克牌翻转前后情绪和身体的变化，以及对自己的情绪评分变化，等等。所有这些都可以记录下来，想到什么就记录下来。（团体“自主咨询”中，不具备让每个来访者独处的条件，可以让来访者在自己座位上独自完成。虽然可能受到其他人的干扰，但周围的人都在做同一件事，也会形成一定氛围，有利于更好地完成自我认识和情绪等的梳理工作。由于团体“自主咨询”中，咨询师不能和来访者及时沟通咨询过程中猜测的和实际的中介物，以及具体评分的变化，来访者可以在梳理阶段记录下来，以满足有的来访者可能想要倾诉的愿望。）

第三阶段：答疑交流

咨询师：大家写完了吗？（稍作停顿，如果有来访者表示还需要一些时间，要稍作等待。）大家在自我梳理的过程中有没有遇到什么困难，或者有什么想和大家分享的，比如自己的感悟、变化、成长？

来访者 A：咨询开始之前我感觉很沮丧，有一种深深的无力感。主要是因为我家孩子写作业特别费劲，不管老师留的作业是多还是少，他天天都要磨蹭到半夜十一二点才能写完。这样导致我和他爸爸总得有一个人专门看着他写作业，才能写得快点儿。我们稍微离开一会儿，他就开始玩。有时候实在气不过也会打他一顿，刚打完能好两天，但一般坚持不到第三天就又回到从前状态。道理也跟他讲了一大堆，但怎么说也没用，我们也不能天天打他啊。所以我和他爸爸会为谁陪他写作业的事天天吵，最后还是我陪他的时候多。在这件事上我觉得特别无力，他都上四年级了，以后上初中怎么办?！这种状态什么时候才能到头儿啊?！

一开始我觉得扑克牌的黑桃 10 代表这件事。陪孩子写作业这个事让我觉得特别压抑，黑压压的一片压着我，觉得透不过气来，胸闷，肩膀很沉，心里也觉得沉甸甸的，很焦虑。我起个名叫“闷”。

但是当我翻开扑克牌的时候，是个黑桃 4，一下子觉得心里有缝隙让光透进来，不是那种密不透风的乌云压顶的感觉。觉得这个事好像也没有我想得那么严重。就算不看着他，他也能完成，就是写作业的速度太慢了。他的学习成绩也还行，或许等上初中后，老师管得严，作业也多了，他也就没时间这么磨蹭了，就算还磨蹭也可能会稍微快点。我总觉得他是故意磨蹭，不愿意快点写完。他在小的时候，写作业挺快的，每次写完我都给他留点速算或者写字等额外作业，后来他就越来越慢，总磨蹭，可能和我给他留额外作业有关。但我现在不给他留额外的作业了，他还一样磨蹭。

咨询师：写作业是你的事，还是孩子的事？（在交流过程中，咨询师发现来访者的一些问题，可以适当交流和引导。）

来访者 A：是孩子的事，但我也不能看他成天那么磨蹭啊！他快点写完，还有时间再做点别的不好吗！就算不做，早点睡觉也行啊，第二天上课还有精神！

咨询师：除了“做点别的”和“早点睡觉”，他做完作业之后的时间还可以有什么安排？

来访者 A：看看书也行啊！总比玩手指头、橡皮强！

咨询师：也许他做完作业后，既不想“做点别的”，也不想“早点睡觉”，也不想“看看书”，如果他能自由地玩手指头、橡皮，大概写作业的速度就快了。

来访者 A：（沉默）你是说他写完作业我让他玩？但是他总也写不完，每次都写到很晚，基本都过了约定的睡觉时间了。

咨询师：你仔细想想你家孩子，写完作业之后的时间，重点是“玩”还是“自由”。

来访者 A：（长时间沉默）自由。

咨询师：如果写完作业之后的时间，在他不做任何伤害身心健康的事的前提下，让他“自由”支配剩余时间，有没有可能改善他“写作业磨蹭”这种行为？

来访者 A：（沉默）有可能。

咨询师：今天回到家以后，如果让你做出一点小小的改变，让生活变得不一样，你觉得你愿意在哪方面做出一点小改变？

来访者 A：我不想再看着他写作业了。我儿子特别喜欢车，笔袋里就有小汽车模型，上学老师不让带，也偷偷带着。甚至有一回被老师发现了，还找了家长，我一生气就把他那些小汽车都给收到箱子里，不让玩了。这次回去后，我把小汽车拿出来，如果他能早写完作业，就让他玩一会儿。

咨询师：都懂得“诱敌深入”了，还是个懂兵法的妈妈。

来访者 A：哈哈。

咨询师：不过还是要提醒他，汽车玩具不要再带到学校去了。

来访者 A：对，对，我得和他约法三章。

咨询师：一开始你给自己的情绪打几分？

来访者 A：2 分，我一想到这件事我都快绝望了。后来一看是个黑桃 4，我觉得好像也没那么糟糕，就打了个 4 分。现在吧，觉得还挺好的，他其实其他方面还行，就是写作业慢，想想真不算什么事。现在觉得 8 分。

咨询师： 好，带着这种 8 分的感觉，回到家，把儿子的小汽车从箱子里拿出来。

来访者 A： 哈哈，好。

咨询师： 还有其他人想和大家交流的吗？

来访者 B： 我想和刚才那个妈妈说几句。你可以设置时间限制给他奖励，比如写完作业将获得什么奖励，过了几点就没有奖励。你就是控制欲太强了，总控制孩子的时间……

咨询师： 对不起，我要打断一下。我们在交流的过程中不要轻易对他人做出评价。我们可以给出自己的建议和想法，供他人参考。不仅仅是刚才发言的朋友，可能没发言的朋友也有同样的困惑，或者亲朋好友遇到过同样的问题，我们的建议可以供他们选择和尝试。但我们在团体咨询中，大家要注意，不要对他人进行评价，这不仅是对他人的保护，也是对自己的保护。（这是团体咨询中经常会出现的问题，来访者发言之后会有其他人对他进行评价，虽然这些评价可能是中肯的，但这种行为在团体咨询中依然是不被提倡的。团体咨询中，比取得咨询成果更重要的就是为所有来访者营造一种安全的氛围，在这种氛围中，来访者做出任何暴露内心的活动，都是安全的，是被保护的，是保密的，都不会受到攻击。当然，违反保密原则的情况除外。）

不过你的建议很好，可以作为一种外部强化，激励孩子。你可以再做一些补充，或者对这种强化措施更细致地和我们分享一下。（被打断的人会形成“未完成事件”，要及时对他表示肯定，并完成“未完成事件”。）

来访者 B：好。你给他的奖励，可以让他自己选，或者自己提出来，因为不一定你觉得好的他就觉得好。

咨询师：说得太好了，我们生活中有太多的一厢情愿了，总是觉得“我是为你好”，但人家不一定觉得“好”。

咨询师：由于时间关系，我们今天的团体“自主咨询”就到为止，大家带着这种成长的体验回到家，做出一点小小的改变，让生活变得不一样。注意，要小改变，很容易实现的。不管是男士还是女士，都不要太为难自己啊。

来访者：哈哈，好的。

来访者分享团体“自主咨询”的感受

来访者 C：刚开始的时候感觉有好多事都要解决，又不知道应该先解决哪件。当拿到扑克牌时觉得心静下来了，注意力都集中在手上，感觉得扑克牌很沉，压得我手和胳膊都很累。当时觉得这件事这么沉，应该是一张很大的牌，牌面很大。但翻开一看，是张方块 4，心里一下就晴了，也不觉得手和胳膊那么沉了。

来访者 D：刚拿到扑克牌我想到我的儿子。我希望手里的牌是红桃 K，但翻转后是梅花 6，还挺失望的。但后来想想，他可能还没达到红桃 K 的程度。这么一想，觉得梅花 6 也不错，不太高也不太低，压力也没那么大，也挺好。想到这些，自己心里就轻松多了。

来访者 E：最近在单位换了个新岗位，由于我刚来，对什么都挺陌生的，觉得压力特别大。晚上睡觉还总梦见自己在单位出错了，醒了之后心情就特别差，一整天都特别压抑，导致一天天的上班就和上刑场差不多。一开始我以为能代表这件事的扑克牌只能是梅花 4，因为它是我最不喜欢的一张牌。但是翻开一看，是红桃 10，心情好像一下子就放开了。我在年轻的时候学习、工作都挺自信的，就连高考都没这么大压力。当看到这张牌，我年轻时候的自信一下子就回来了。其实想想也没什么难的，就算出错，也不是不可弥补。这么多天压在我心里的石头，一下子就没了，现在觉得特别轻松。

来访者 F：一开始我给自己的情绪打 3 分。我希望儿子能好好学习，但他现在到了青春期，总不听我的，一说就烦，成绩也下降了。我觉得梅花 10 代表这件事。当时我的身体没什么感觉，就是情绪特别不好，觉得很心酸，想哭。

翻开后的扑克牌是梅花 7。我内心希望是张红桃，但也是梅花，有点失望。不过不是 10，还能好一点。想一想，他不听我的也没办法，学习能学成什么样就什么样吧，只要他不学坏，身体好，以后总能自食其力有口饭吃。

翻转前我给自己的身体和情绪评 3 分，翻转后是 3.5 分到 4 分。

来访者 G：翻转前我猜测手里的扑克牌是梅花 6 或者 7，翻转后是黑桃 J，所以我觉得这件事比我想的严重，可能我应该更重视一些。开始觉得后背有点热，后来没那么热了。评分在翻转之前是 6 分，翻转后是 7 分。我的情绪一直都有点紧张。

来访者 H：翻转前我猜测手里的扑克牌是红桃 8，翻开一看真是红桃 8，感觉特别高兴。我想着过几天和朋友出去旅游，但是还没完全想好，现在想好了。哈哈。

来访者 I：我妈妈在今年年初去世了。现在我一想到她就觉得特别难过，没在她活着的时候好好陪她，反而当她和我说话时我还总表现得不耐烦，现在想起来特别后悔。以前我觉得她是一个特别普通的人，就想用一张方块 5 代表她。结果翻开一看，是张黑桃 9，我一下子就哭了。我一直轻视她，觉得她软弱，每次她和我说话我总觉得烦，觉得她说的那些都没什么用。现在想想，其实母亲不像表面那样软弱，也不是我想象的窝囊，而是她在包容我们每一个人，她比我们都强大，她是真正强大的人。真的是“子欲养而亲不待”啊，现在我觉得自己才是那个软弱的人。

来访者 J：翻转之前我想着它应该是张黑桃 J 或者红桃 J，结果翻转后是张红桃 6。我把这件事想得太重要，其实可能也没什么，顺其自然就好。翻牌的时候心跳得很快，觉得很期待，翻开瞬间看到牌面，觉得不应该这么小，后背觉得有点凉，但自己很快又接受了，可能本来就是这样的，是我一厢情愿把它想得太好。当我这么想后，感觉后背不那么凉了，手又觉得凉。不过现在觉得身体轻快了，手也渐渐不凉了。

来访者 K： 我姑娘相处了个男朋友，我总觉得她还可以再等等，先考研再说，担心她因为谈对象影响考研。所以翻转前我心情也不太好，给自己评的是 3 分。翻转后是张方块 A，我有点意外也有点惊喜，是我以前有点太低估她了，她比我想的强。她能看上的男孩，应该也能有些优点吧。

来访者 L： 我给自己的评分，从翻转前的 5 分到翻转后的 8 分。翻转前以为手里的扑克牌是梅花 7，翻转后是方块 10。翻转前自己身体没什么感觉，翻转后反而感觉身体变轻了，自己的情绪也更开心一些。通过今天的“自主咨询”，让我明白有些事当自己真正面对的时候，可能就会发现自己要比想象中的好。

在团体“自主咨询”过程中，由于咨询师不能随时和来访者交流，因而不能时刻关注来访者情绪变化。有些来访者在进行团体咨询时，虽然指导语提示“自主咨询”不适用于对情绪影响较大的事件，但来访者有时会不自觉地想到让他最苦恼的事件，而这个事件恰恰是引起他较深情绪的。也有一些来访者认为有些事件对自己影响不大，但在咨询过程中，可能引起了超出来访者预期的情绪反应。如果出现以上这些情况，在团体“自主咨询”结束后，咨询师要征求来访者意见，共同决定是否需要进行进一步咨询。如果来访者表示需要通过常规咨询来平复激烈的情绪，咨询师要花一定的时间帮助来访者解决当下的问题。

这个团体案例让我们直接感受到“自主咨询”的时程短、标准化、程序化，具有完善的科学问询体系和强大的理论支持，没有心理学背景的普通大众也可以在短时间内收获实实在在的咨询效果；而且在这个案例中，我们除了能够看到“自主咨询”的科学性和实用性，还能体会到心理咨询的艺术性。心理咨询，首先是一门科学，它是建立在心理科学的基础之上，依据人的心理特征和心理过程的发生发展规律，以语言的形式帮助人们解决心理问题的一门科学。同时，心理咨询也是一门艺术，每一次咨询都体现了心理咨询师的丰富的情感、语言的魅力、生活的智慧和人性的光辉。

第五章

小方法改变大世界

“自主咨询”的创建立足于中国社会现状、人们的心理需求，以及现阶段中国心理咨询的特点。它是一种有针对性的、顺应时代发展、符合人们心理需求、具有时代意义和良好应用前景的科学心理咨询方法。它势必会为未来中国乃至世界的心理咨询行业带来新思路，人们的生活和社会氛围也会因而发生改变。

一、对传统心理咨询的影响

“自主咨询”的创建，是对传统心理咨询方法的突破，它打破了心理咨询时间、空间、人员等多重限制，帮助人们在生活中平复随时可能产生的负性情绪。人们不必再压抑生活琐事引起的心理压力，也不必再积累“不值一提”的“小事”引起的心理不适，人人都可以用科学的方法自我调整或帮助他人，即便不走进心理咨询室，没有专业的心理咨询师，人们也可以解决小情绪引起的心理问题。

（一）可以独立使用也可以和其他方法结合使用

“自主咨询”作为一种科学独立的心理咨询方法，既可以被普通大众应用，也可以由专业的心理咨询师使用。

“自主咨询”有标准化的问询体系，依照它的问询体系就可以实现一定的咨询目标，完成一个完整的心理咨询，随时随地解决人们日常生活中发生的由生活琐事引起的小情绪问题。

这种标准化的问询体系又是弹性的、灵活的、可更改和变通的。它可以根据来访者的具体情况与其他方法结合，在应用“自主咨询”的“环式问询”进行访谈的时候，加入其他咨询方法和思想，成为一种以“自主咨询”的问询体系为主体的综合的咨询方法。“自主咨询”的创立是为让更多人受益，因而只要来访者需要，它可以以任何形式出现在心理咨询中，“自主咨询”的灵活性的意义要远远大于它的纯洁性，这也是创建它的初衷。

“自主咨询”还可以作为一个常规咨询的一部分起到辅助其他心理咨询的作用。“自主咨询”的问询体系可以脱离它本身结构的限制，根据具体需要在常规咨询中的某一时段辅助解决相应的问题。“自主咨询”不需要追求独立性，而是追求实用性。

此外，“自主咨询”的结构也可以被拆解。心理咨询师使用时可以将它的问询体系和结构分解，只选择自己需要的部分应用在咨询中。例如只应用其中“环式问询”的构架；也可以只应用它的思想理论，以情绪作为杠杆调节其他心理因素和心理构架，等等。

本书所选择的案例也充分体现了“自主咨询”使用的灵活性。在运用“自主咨询”为来访者解决心理问题的时候，还同时体现了动力学疗法、认知心理学疗法、焦点短程心理治疗、森田疗法等多种心理咨询和心理治疗方法。不仅于此，在实际应用中“自主咨询”几乎可以和任何方法结合使用，帮助来访者解决心理困惑。

“自主咨询”在未来使用过程中，会更灵活、更有弹性，与多种心理咨询方法结合，应用多种心理咨询形式，只要能够适用于来访者要解决的问题，“自主咨询”可以做到“七十二变”。

（二）脱离时空的限制

“自主咨询”是一种不涉及事件的咨询方法，既不涉及事件的细节也不涉及来访者的隐私。

不涉及来访者的隐私，使“自主咨询”可以脱离咨询室的环境走进人们的日常生活，成为一种更为适应现代通讯特点的咨询方法，可以运用各种通信手段，在咨访双方认为方便的任何时间地点完成咨询。本书的案例中有多个远程咨询案例，包括运用电话、互联网等多种信息交流方式，都可以完成咨询，重要的是，完全不影响咨询效果。这是心理咨询方式的一种尝试也是一种突破，在快节奏的现代社会，这种随时随地的“互联网 +”的咨询方式将会成为未来心理咨询的重要形式。

“自主咨询”不涉及事件经过和具体细节大大缩短了咨询时间，使用者不必特意安排专门的时间，可以不受时空限制随时进行，使它可以被更便利、更广泛地应用。

随着“自主咨询”不断推广，人们可以随时随地用科学的心理咨询方法处理日常生活中的烦恼，提高自己和亲友的心理健康水平。这也将为心理咨询和治疗提供一种新的思考方向，即脱离咨询室和咨询师的专门和专业的限制，发展出一类由非专业人士使用、可以直接应用在生活中的方法。

“自主咨询”脱离时空限制被更广泛应用也会带动普通大众迈向心理健康观念的另一个台阶——从关注自我心理健康发展到自主调整心理状态。有了随时随地可用、不涉及隐私的心理咨询方法，自主调整改变不良心理状态、建立合理的、适应的“认知—情绪—躯体构架”，对于没有心理学背景的更广泛的普通大众来说，就成为可能。从长远来看，自我调整比自我关注更具有改变生活质量的意义。

（三）可以在全世界范围广泛使用

“自主咨询”不涉及隐私，问询体系标准化，中介物可以由使用者根据情况自主选择等特点，使得它很容易在不同地区本土化，对文化差异敏感度低，可以广泛应用于世界各地。“自主咨询”在各种文化、各种民族、各种宗教信仰中都可以经过简单本土化之后被普通民众广泛应用，只要根据使用者的具体情况更改中介物，选择当地风俗文化可以接受的、符合“自主咨询”对中介物要求的文化产品就可以全面推广，被不同地区、文化、民族、宗教的人们使用。

世界上无论哪种文化都有它能够被普遍接受的文化符号，这些文化符号都可以作为“自主咨询”的中介物，这就使得“自主咨询”的可塑性非常强，它可以根据使用人群和地区的不同情况自我改变，甚至可以为同一地区的同一人群提供多种选择——人们可以根据当下的具体情况决定使用哪种中介物以完成咨询。由于“自主咨询”的可塑性和广泛适用性，它将成为一种很容易传播的、跨文化的、世界性的心理咨询方法，成为供全世界人民使用的、给全世界人民带来心理健康的咨询方法。

“自主咨询”的诞生，必然会给心理咨询行业带来一场变革，未来的心理咨询方法和方向，必然会是消除了流派之争，更多元、更综合，也更适应快节奏的生活方式。实用性、灵活性、普遍性会成为未来心理咨询方法的发展方向。“自主咨询”或许会成为世界范围内第一个“人人可用，时时可用，处处可用”的科学的、正规的心理咨询方法。

二、对人们生活的影响

“自主咨询”以其极短程、极高效、极普及的特点，在如今快节奏的社会发展趋势中，有非常广泛的应用空间，也将给人们的生活带来重大的影响。

（一）治病于未病

现今社会人们生活节奏越来越快，面对激烈竞争，生活和工作状态使人们的心理焦虑程度始终处于较高水平，短程心理咨询已成为趋势。目前的短程心理咨询大多立足于“治病于病”，也就是来访者已经产生了影响生活的问题，要到咨询室请专业的心理工作者才能获得帮助。“自主咨询”给我们开辟了另一个思路——“治病于未病”，可以随时调节生活琐事给人们带来的压力和焦虑，让小的压力和焦虑在还没有成为“病”的时候就已经被化解。

能够“治病于病”固然不错，“治病于未病”更是利国利民。日常生活中，人们常常由于认知偏差，将很多生活琐事引起的小情绪积累起来，成为叠加性的心理压力，引起更大伤害；或者由于小情绪没有被及时调整，而产生继发性影响，例如人们熟悉的“蝴蝶效应”。如果能在人们产生小情绪的时候，及时处理，降低其负性影响，就会提高人们的心理健康水平，减少继发伤害，避免可能由不良情绪引发的社会危害事件。这些叠加性的和继发性的心理问题可以被视为“病”，而引起这些“病”的小的负性情绪还没有严重到“病”的程度，因而是“非病”。“非病”可能引起“病”，因此它是“未病”的状态。也就是，一些小的心理压力和伤害并没有造成人们心理秩序的混乱而导致心理疾病或精神疾病，但它让人们产生心理的不适感，让人们处于一种心理的“亚健康”状态。这种心理的亚健康状态如果得不到及时干预，就可能产生心理疾病。

“自主咨询”治的就是“未病”。它针对的是日常生活琐事引发的小的负性情绪，这些小的负性情绪是任何人身上都可能发生的，随时可能发生的。通常这些小的负性情绪对人们生活影响并不大，但如果不及时处理，可能就会产生较大也较严重的影响，也就成了“病”。“自主咨询”就是在它们还没有形成“病”，不足以对人们的生活产生较大影响的时候，运用科学的问询体系将这些不良情绪“小事化无”。当这些小的负性情绪消失或减少，引发“病”的因素也就消退了，“非病”也就不会再发展成为“病”。

“自主咨询”就是一种“治病于未病”防患于未然的心理咨询方法。这种思想不仅在心理咨询方法的探索方面开辟了新的思路，随着它的逐步推广和使用，也一定会影响人们的生活方式和思维方式。

（二）全民咨询师

每个人在生活中都免不了遇到大大小小的事件，产生大大小小的问题。在人们的观念中，这些都是小问题并没有严重到需要做心理咨询和治疗，所以即便引发了人们的负性情绪，他们也很少会采取相应措施减少或消除负性情绪带来的压力。很多人并不知道如何在生活中使用心理策略或方法减少负性情绪带来痛苦和困扰，所以，持续承受着这些问题带来的不良影响，没有科学的方法可以解决。就像一个“小伤口”，它还没有严重到需要去专业心理机构咨询或治疗；但它确实对人们的生活造成了虽然“不大”但是“存在”的影响，让人难以对它视而不见。

“自主咨询”的宗旨之一就是“人人可用”，它的目标就是实现“全民咨询师”，服务于“所有人”。让每一个人都可以很容易地掌握这种科学而有效的心理咨询方法，可以随时随地解决自己或他人由生活琐事引起的情绪问题。如果人们生活中随时可能出现的每个“小问题”都没有机会成为“大问题”，也就减少了对个人的伤害。情绪的“小伤口”不需要无奈和忍耐，只要方法得当每个人都可以在生活中获得成长，每个人都可以成为是“助己者”和“助人者”。

这就是“自主咨询”对人们生活的另一个重大影响——让“全民”都成为心理咨询师，每个人都有助人助己的能力和方法。

“自主咨询”必将会全面改变人们的生活，不仅是对自我情绪、认知、躯体感觉的影响，还会间接影响人们的人际观、价值观等多个方面。无论是在中国还是在全世界范围，“自主咨询”会成为人们美好生活的伙伴。

（三）将提高全民的心理健康水平

社会环境中巨大的机遇和挑战给人们带来物质和精神满足的同时，也带来了前所未有的压力，社会焦虑情绪增加，也引发很多社会性问题，比如“情绪性犯罪”增加，等等。

这些问题不仅增加了显性社会成本，也增加了不可计算的隐性成本。例如，开车的人很熟悉的一种现象——路怒症。一个人不坐在驾驶员的位置上时可以是“绅士”“淑女”，而一旦开车行走在路上，情绪就难以克制，经常失控。“路怒症”不仅表现在语言方面的污言秽语，还有行动的失控，做出危险驾驶的行为，增加了引起严重车祸、导致生命财产损失的风险性。这种危险性造成的损失中，可以计算的时间和经济损失是一方面，这是显性的部分，还有难于计算的部分。例如，一个人在车祸中受伤或死亡之后，可能导致一个甚至几个家庭的整体危机，改变众多人的生命轨迹，还有此类事件造成的社会范围的舆论和道德标准的影响，等等，这些都是难于计算的损失，是潜在的、隐性的损失。

有些造成负性情绪的压力源是可以避免，而一些社会性压力却不可避免，例如时代的变迁、社会的变革，等等。在压力源不能消除的情况下，如何解决人们在生活中的负性情绪问题，就成了影响社会稳定的重要因素之一。提高全民心理健康水平绝不是可有可无的工作，它是一项影响国计民生的大事。

“自主咨询”的使用推广会让“提高全民心理健康水平”变得更为有的放矢、更有具体方法可循，使得全民关注、全民参与心理健康更具有操作性，也更具体、更接近大众生活。

“自主咨询”“人人可用，时时可用，处处可用，服务全民，全民适用”，它是一项针对所有普通民众的科学的、正规的、高效的心理咨询方法。“自主咨询”简化了人们提高心理健康水平的程序，降低了心理辅导援助的门槛，也降低了人们获得心理健康的成本，包括经济成本和时间成本。由此带来的社会效益，不仅会体现在人们生活整体幸福感上升，社会信任度增加，社会适应能力增加，也将体现在更为具体的个人生活方面，例如由情绪影响的犯罪率下降，同时，也会降低由于国民心理健康问题造成的隐性社会成本。

“自主咨询”的应用前景非常广阔，有良好的应用价值预期。它是对每个人心理健康的关爱，在提高全民的心理健康水平、促进社会和谐稳定等方面，都将起到重要作用。

参考文献

[1] 姚树桥、杨彦春 著.《医学心理学》（第五版）. 北京：人民卫生出版社，1991

[2]（美）菲利普·津巴多（Philip Zimbardo）、罗伯特·约翰逊（Robert Johnson）著. 钱静、黄珏苹 译.《普通心理学》（第 7 版）. 北京：北京联合出版公司，2017

[3]（美）丹尼斯·库恩（Dennis Coon）、John O. Mitterer 著. 郑钢译.《心理学导论：思想与行为的认识之路》（第 13 版）. 北京：中国轻工业出版社，2014

[4]（美）戴维·迈尔斯（David Myers）. 黄希庭译.《心理学》（第 9 版）. 北京：人民邮电出版社，2013

[5] 杨治良、张春兴 著.《实验心理学》. 浙江：浙江教育出版社，1998

[6]（美）Judith S. Beck. 张怡译.《认知疗法基础与应用》. 北京：中国轻工业出版社，2013

[7]（美）莱德利、马克斯、汉姆伯格 著. 李毅飞译.《认知行为疗法》. 北京：中国轻工业出版社，2012

[8]（英）麦克唐纳（Alasdair J. Macdonald）. 许维素译 .《焦点解决治疗：理论、研究与实践》. 宁波出版社，2011
[9] 姚春鹏编 .《黄帝内经》. 北京：中华书局，2016
[10]（美）理查德 · 格里格（Richard Gerrig）、菲利普 · 津巴多（Philip Zimbardo） 著 . 王垒等 译 .《心理学与生活》. 北京：人民邮电出版社，2003
[11]（美）戴维 · 迈尔斯（David G. Myers）. 侯玉波译 .《社会心理学》（第 11 版）. 北京：人民邮电出版社，2016
[12] 徐汉明、盛晓春 著.《家庭治疗——理论基础与实践》. 北京：人民卫生出版社，2010
[13] 中国心理卫生协会、中国就业培训技术指导中心 编.《心理咨询师》（基础知识）. 北京：民族出版社，2015
[14]（奥）西格蒙德 · 弗洛伊德 . 高觉敷译 .《精神分析引论》. 北京：商务印书馆，1984
[15]（美）卡巴尼斯（Deborah L. Cabaniss）、Sabrina Cherry 著 . 徐玥等 译 .《心理动力学疗法》. 北京：中国轻工业出版社，2012
[16]（美）美国精神医学学会编 . 张道龙译 .《精神障碍诊断与统计手册》（第五版）. 北京：北京大学出版社，2016
[17]（美）沙夫 . 闻锦玉译 .《投射性认同与内摄性认同：精神分析治疗中的自体运用》. 北京：中国轻工业出版社，2011
[18]（美）伯格（Burger J.M.）. 陈会昌译 .《人格心理学》（第八版）. 北京：中国轻工业出版社，2014

[19] 王义芳、李华芳、徐一峰等 著.《落花生枝叶制剂治疗失眠的临床全盲验证观察》. 上海中医药杂志 . 2001（5）：8–10

[20]（美）谢利·泰勒（Shelley Taylor）. 朱熊兆等 译.《健康心理学》（第七版）. 北京：中国人民大学出版社，2012

[21] 车文博.《人本主义心理学》. 杭州：浙江教育出版社，2003

[22]（奥）阿尔弗雷德·阿德勒 . 马晓娜译.《自卑与超越》. 长春：吉林出版集团有限责任公司，2015

[23] 牛勇编著.《人本主义疗法》. 北京：开明出版社，2012

[24]（日）大原浩一、大原健士郎 著 . 崔玉华、方明昭 译.《森田疗法与新森田疗法》. 北京：人民卫生出版社，1995

[25]（日）高良武久 . 王祖承、陆谢森、陈幼寅 译.《森田疗法指导：神经症克服法》. 上海：上海交通大学出版社，2014

[26]（美）卡巴尼斯等 著 . 孙铃等 译.《心理动力学个案概念化》. 北京：中国轻工业出版社，2015

[27]（美）南希·麦克威廉斯（N. McWilliams）. 鲁小华、郑诚等译.《精神分析诊断》. 北京：中国轻工业出版社，2015

[28]（美）杰里米·沙弗安（Jeremy Safran）. 郭本禹、方红译.《精神分析与精神分析疗法》. 重庆：重庆大学出版社，2015

[29]（美）布鲁斯·戈尔茨坦（Bruce Goldstein）. 张明等 译.《认知心理学》. 北京：中国轻工业出版社，2015

[30]（美）约翰·安德森 . 秦裕林等 译.《认知心理学及其启示》（第 7 版）. 北京：人民邮电出版社，2015

[31]（美）大卫·迪绍夫．陈舒译．《元认知：改变大脑的顽固思维》．北京：机械工业出版社，2014

[32] 张厚粲．《行为主义心理学》．杭州：浙江教育出版社，2003

[33]（美）哈里·巴尔肯．姜菲菲译．《微表情心理学》．北京：中国文联出版社，2017

[34] 林崇德主编．《发展心理学》（第三版）．北京：人民教育出版社，2009

[35]（美）谢利·泰勒（Shelley E. Taylor）．朱熊兆等 译．《健康心理学》（第 7 版）．北京：中国人民大学出版社，2012

[36] 陈琦、刘儒德 主编．《当代教育心理学》．北京：北京师范大学出版社，2009

[37] 孟昭兰．《婴儿心理学》．北京：北京大学出版社，2003

后记　未来可期

近百年来，全球科技文化都呈现爆发式发展趋势，中国也发生着日新月异的变化，这给人们固有的生活带来福泽的同时，也对人们的生活方式、习惯、观念等带来很大冲击，人们的心理适应能力也备受考验。无论是中国，还是世界范围，心理健康已经越来越被人们重视。无论是对一个国家还是对于个人，国民的心理健康已经和生理健康一样，都变得十分重要，是人们幸福感的重要影响因素，是家庭、社会保持稳定的基础。

时代在变化，人们的需求也在变化，中国，乃至世界的心理咨询行业不能再故步自封，需要不断创新，与时代需求接轨。

“一刻钟自主心理咨询”就是适应时代的咨询方法，也是推动心理咨询改革的方法。它不仅是对心理咨询时间和方式的突破，也是对心理咨询思维模式的突破。它的诞生，是将心理咨询原有的“走进来”“限定多”“专人用”的专业体系，变为“众人用”“随时用”“随处用”的咨询思想，它是一种基本不受语言文化、地域、宗教限制，适用于世界范围的、短程高效、针对性强的心理咨询方法。它以“治病于未病”的思想影响大众的心理健康，是目前最为节约社会成本、科学而专业、正式的一种心理咨询方法。

“一刻钟自主心理咨询”在使用过程中一定还有需要改进的地方，在今后会有更完善的发展，但就目前来讲，它已经为心理咨询行业开启了新的思路，带来了新的视角，也注入了新的能量。

“一刻钟自主心理咨询”是颠覆人们思想的一种方法，具有里程碑式的意义，在不久的未来，必定会给心理咨询界带来一场风暴，一场革命！

心理咨询自主时代已经开启！

吕文娟

2021 年 5 月 1 日